一刀流兵法十二ケ條

As Doze Regras da Espada

ITO ITTOSAI

Traduzido do Japonês por

ERIC SHAHAN

Edição brasileira Leandro Diaz Napolitano

Prefácio à Edição Brasileira

"As 12 Regras da Espada" de Ito Ittosai traz conteúdo indispensável a todo artista marcial ou pessoas interessadas em estratégia militar.

O livro se complementa a outras obras contemporâneas escritas no Japão entre os séculos XVI e XVII, como "Bokuden Hyaku Shu - As 100 Regras da Guerra", de Tsukahara Bokuden, "Heiho Kadensho - A Espada que dá a Vida", de Yagyu Munenori, "Fudochi Shin Myoroku - Os Registros Misteriosos da Sabedoria Imóvel", do Monge Takuan Soho, bem como "Go Rin no Sho - O Livro dos Cinco Anéis", de Miyamoto Musashi.

Juntas, essas obras oferecem arcabouço de conceitos e de estratégias que se mantêm vivos até hoje, constituindo boa parte da fundação das artes marciais nipônicas modernas e clássicas.

Nestas páginas, artistas marciais poderão encontrar indícios da origem de conceitos como "enxergar com os olhos do coração" e como o momento preciso para a execução de uma técnica, que deverá ocorrer em um átimo, "não permitindo que nem mesmo um fio de cabelo caiba entre o intervalo do impacto de uma rocha e a geração de uma faísca".

"As 12 Regras da Espada" de Ito Ittosai foi traduzida originalmente do japonês para o inglês por Eric Shahan, praticante, pesquisador e historiador de artes marciais clássicas e de outras dimensões da cultura japonesa. Shahan conta com vasta coleção de obras históricas japonesas traduzidas para o inglês, as quais estão em processo de tradução para a língua portuguesa.

A presente edição brasileira busca manter o espírito da tradução original para o inglês, oferecendo opção direta de leitura, sem recursos de estilo ou interpretações hiperbólicas.

Tóquio, 18 de abril de 2020

Leandro Diaz Napolitano

5

Índice

流露無碍

Ryu – Ro – Mu – Ge

Orvalho que Flui sem Obstáculo

O objetivo durante o treino é eliminar a rigidez e manter corpo e técnica dinâmicos, mantendo-se suave e flexível. Essa é a essência do orvalho que flui sem obstáculo. Se você derreter o gelo, ele se tornará água; se você esmagar a rocha, ela se tornará pó. Se você fosse um líquido dentro de um container, deveria fluir rapidamente para bloquear um oponente que tenta entrar por um de seus cantos retangulares ou esgueirar-se pela fenda de uma forma arredondada.

Mova-se de acordo com a posição do oponente e ataque com sua espada para desestabilizar o movimento do atacante, permitindo que ele se disperse. Mova-se suavemente e obtenha a vitória. No entanto, se você se concentrar apenas na vitória, esse sentimento queimará seus olhos. Sua intenção de atacar o oponente irá mudar a sua feição e seu oponente perceberá. Você estará bloqueado e seu caminho obstruído em cada esquina.

Portanto, para não demonstrar a intenção, não tenha nenhuma. Você deve estar em um estado neutro, com a mente livre de pensamentos ou objeto corpóreos e completamente livre de intenção. Corte uma vez, sem hesitação e em seguida corte um círculo novamente, em um fluxo suave e contínuo. Os movimentos devem ser aprendidos até que se tornem parte do seu corpo. Fazendo isso, você e o inimigo se tornarão um. Mover-se dessa forma resultará em vitória. Isso significa que você alcançou o domínio do ensino máximo nesta escola, o orvalho que flui sem obstáculo.

Ilustração de um Ito Ittosai já com idade avançada se defendendo com a tampa de uma panela contra um ainda jovem Miyamoto Musashi.

De uma novela da Era Meiji a respeito de Miyamoto Musashi 1887
絵本英雄美談：佐々木岸柳宮本武蔵 autor desconhecido

Ito Ittosai e a Escola Itto do Corte Único

一文字宇都宮前備後岡山住後鳥羽院書鍛冶

伊藤一刀斎肖像

Ilustração de Ito Ittosai do livro "Retratos de nossos ancestrais reverenciados", da Era Edo.

A Escola Itto, fundada por Ito Ittosai Kagehisa (1560-1653) e a escola Shin Kage fundada por Yagyu Munenori foram as duas escolas de esgrima adotadas pelo Shogun Tokugawa. A escola Itto deu origem a muitas sub-ramificações e a despeito do elevado prestígio detido pela "Escola do Corte Único", a história de seu fundador ainda se mantém envolta em mistério. Existem algumas estórias conflitantes a respeito de dados básicos de sua vida. De acordo com a "Breve Enciclopédia Japonesa de Artes Marciais" de 1714 本朝武芸小伝, escrita por Hinatsu Yousuke Shigetaka da Escola Tendo,

"Ito Ittosai teria nascido no domínio de Izu, em 1560. Ele estudou a escola Chujo de esgrima e de lança com Kanamaki Jizai até iluminar-se nos mistérios íntimos da escola. Ele então partiu para uma peregrinação marcial pelos diversos domínios do Japão. Ao longo dos anos ele teria lutado com 33 espadachins, sagrando-se vitorioso todas as vezes. Alguns diziam que sua técnica era tão sublime que não podia ser descrita em palavras. Diz-se que ele teria trabalhado para Oda Nobunaga durante a era Tensho, entre 1573-1592.

Algumas estórias dizem que ele morreu em Kogame, região do domínio Shimousa (atualmente região norte da prefeitura de Chiba), enquanto outros dizem que ele se tornou um monge Zen e que teria morrido em um templo em Tanba Sasayama, onde se localiza a Prefeitura de Hyogo nos dias de hoje. Outra estória diz que ele morreu em 20 Junho no terceiro ano de Joho (1655) aos 94 anos. O suposto túmulo de Ito Ittosai no Templo Myokokuji ao sul de Shinegawa é na realidade de To Tenzen Tadanari. Também é dito que ele morreu no sétimo dia, mas o mês e o ano são desconhecidos."

No livro da Era Edo "A História Resumida da Escola do Corte Único" está escrito:

"O fundador da escola, Ito Ittosai (nota: escrito 井藤一刀斎), era estudante de Kanamaki Jizai, que ensinava a Escola Chujo. Mestre Kagehisa viajou pelo Japão lutando em mais de 33 duelos. É dito que morreu no sétimo. O ano é desconhecido. Ono Tadaaki era um homem da Era Kanei 1624-1645. Como eram contemporâneos, Tadaaki é uma fonte de informação com respeito ao fundador"

De acordo com Yoshida Yutaka em sua introdução à sua análise do "pergaminho da Espada de Ito Sensei",

"Se nós considerarmos as idades de seus pupilos é provável que Ito Ittosai tinha alguma idade entre a de Yagyu Shisekisai 1529-1606 e a de seu filho, Munenori, entre 1571-1646."

Os três discípulos de Ito foram Miko Kami Tenzen Tadaaki, que se tornaria Ono Jiro Uemon, Ono Zenki e Kotoda Toshinao. O famoso conto a respeito do ocorrido entre Zenki e Tenzen é registrado na "Breve Enciclopédia das Artes Marciais Japonesas".

*"Zenki foi discípulo de Ittosai Sensei por muitos anos. Contudo, por alguma razão, Ittosai queria matá-lo. Um dia, Ittosai convocou Tenzen e disse, '"Eu quero que você mate Zenki. Mas você ainda não é bom o suficiente, portanto eu vou ensiná-lo uma técnica secreta. Use-a para matá-lo com sua espada."' Ittosai então ensinou a Tenzen uma técnica conhecida como '"**Musoken – A técnica de corte revelada em um sonho"'**. Ittosai desenvolveu essa técnica enquanto estava no Santuário Hachiman em Kamakura. Ela envolve sacar a espada e cortar sem pensar.*

*Mais tarde, em um campo próximo a Kanegahara, em Shimousa, Ittosai chamou Tenzen e Zenki e falou: '"- Eu tenho seguido o caminho da espada desde que eu era uma criança. Ao longo dos anos eu realizei meu desejo de viajar pelo Japão e de testar minhas habilidades. Eu desejo transmitir o legado da minha espada a alguém – '"**Kanewarito – a destruidora de urnas"'**. Claramente eu não posso dividir uma espada em dois discípulos. Portanto, eu peço que vocês dois lutem aqui neste campo, usando ao máximo as suas habilidades. O vencedor receberá a "Kanewarito". Os dois discípulos desembainharam suas espadas e lutaram com grande habilidade e Zenki saiu derrotado. Ittosai entregou sua espada a Tenzen e declarou, '"Eu estou me aposentando do caminho da espada e desejo receber a tonsura. Vá e espalhe as lições que lhe ensinei por todo o país"'. Com isso ele partiu e para onde se dirigiu ninguém sabe. Essa é a lenda."*

De acordo com os apontamentos de Yoshida Yutaka, o duelo foi injusto.

"O duelo dificilmente pode ser chamado de justo uma vez que Tenzen recebeu instruções especiais de seu mestre. A despeito disso, Tenzen acabou se tornando instrutor oficial do Shogun Hidetada Tokugawa. Muito embora Tenzen seguisse contando vantagem a respeito de sua desagradável vitória sobre Zenki, além de ter passado a "destruidora de urnas" a seus descendentes. Como o duelo não teve outras testemunhas diversas pessoas questionavam a sua autenticidade."

Kotoda Kankai Yusaemon Toshinao foi um vassalo do Clã Hojo de Odawara. Ele se destacou na esgrima e na lança. Em 1584, ele encontrou Ito Ittossai nos domínios de Odawara e se tornou seu estudante. Após longo treinamento, Kotoda atingiu a iluminação junto aos mistérios ocultos da arte. Posteriormente ele fundou seu próprio ramo da Escola Itto, a Escola Kotoda, que viria a ser conhecida como Escola do Corte Consciente (唯心一刀流)

Diferentemente de outros mestres de esgrima daquele tempo, como Yagyu Munenori ou Miyamoto Musashi, os primeiros mestres da Escola do Corte Único não tinham inclinações de usar o pincel para redigir seus ensinamentos. Assim, o primeiro documento a conter os ensinamentos de Ito Ittosai foi escrito pelo neto de Kotosa, Yohei Toshisada, em 1664.

Durante esse período de relativa paz, posterior à Era dos Estados Beligerantes, escolas de artes marciais passaram a enfatizar os princípios subjacentes de sua arte. Contudo, conforme observa Yoshida Yutaka:

"Um século passou-se desde a era de Ito Ittosai, Tenzen e Toshinao até que Toshisada escreveu este documento. O primórdio selvagem da Itto Ryu, simbolizado pela luta entre Tenzen e Zenki, suavizou-se ao longo dos anos."

Kanamaki Jizai and Ito Ittosai

古藤田俊直ハ小田原北條ノ家臣ニシテ勘解由左衛門ト

伊藤一刀齋名ハ景久。伊豆州人。鐘捲自齋ニ就テ中條流ヲ汲ミ。諸國ニ周遊シテ専門師ト試合ヲ爲スコト三十三度。

所在ニ多シ。

○伊藤一刀齋傳

一人モ其術ニ及フ者ナカリキ流派今ニ於テ盛ナリ。

○古藤田俊直傳

鐘捲自齋ハ富田流ノ極意ニ通シ。一流ノ祖トナル其術山崎長谷川ト伯仲ノ間ナリ。人呼テ富田ノ三家トス其末流

○鐘捲自齋傳

諸國ニ盤亘シテ長谷川流ト稱ス。

長谷川宗喜ハ左近將監ト其名聲ヲ競ヒシ偉人ナリ。其派

○長谷川宗喜傳

　　Verbetes para Kanamaki Jizai e Ito Ittosai tirados da **Kekiken Meika Goyu Gonko Roku**, *Registros das Palavras e Feitos dos Grandes Espadachins.* 撃剣名家豪雄言行録 - Era Meiji.

○ 鐘捲自斎 - *Kanamaki Jizai descobriu os mistérios ocultos da Escola Toda de Guerra. Ele fundou a Escola do Corte Único. Ele ficou conhecido como um dos três grandes da Escola Toda juntamente com Yamazaki e Hasegawa. Essas escolas foram muito influentes.*

○ 伊藤一刀斎 - *O nome original de Ito Ittosai era Kagehisa e ele era do domínio de Izu. Ele se tornou discípulo de Kanemaki Jizai e aprendeu a Escola Chujo. Viajou pelo país e travou 33 duelos. A despeito do fato de todos os seus oponentes terem sido instrutores de escolas diferentes, ele nunca foi derrotado. Ainda hoje, a Escola do Corte Único a florescer.*

一刀流兵法十二ケ條
Itto Ryu Heiho Junikajo

As Doze Regras da Escola Itto de Esgrima
1686

Nota Introdutória

Existem muitas versões das "Doze Regras da Espada". Esta é uma versão simples, um "Mokuroku". Um "Mokuroku" lista somente nomes de técnicas ou de ensinamentos, os detalhes devem ser memorizados pelo estudante. "Mokuroku" é considerado um ranking entre as Escolas. Isso significa que certo nível de aprendizado foi cumprido.

A imagem a seguir é uma reprodução e tradução de uma versão de 1686. Ela consiste em uma lista das 12 regras, a passagem descrevendo origens, importância e cadeia de sucessões referentes à escola. O teor a seguir é uma reprodução e tradução [originalmente do japonês para o inglês] desse documento.

一刀流兵法十二ヶ條

一　二之目付之事

一　切落之事

一　遠近之事

一　横竪上下之事

一　色付事

一　目心之事

一　孤疑心之事

一　松風之事

一　地形之事

一　無他心通之事

一　間之事

一　残心之事

17

一刀流兵法十二ケ條
Itto Ryu Heiho Junikajo

As Doze Regras da Escola Itto de Esgrima

1. Os Dois Locais para Observar o Seu Oponente

2. O Corte Descendente

3. A Estratégia do Perto e do Longe

4. Horizontal, Vertical, Acima e Abaixo

5. As Cores das Coisas

6. Os Olhos do Coração

7. O Coração de uma Raposa

8. O Pinheiro ao Vento

9. O Chão sob seus Pés

10. Foco/Evitando Pensamentos Estranhos

11. Intervalo Entre Você e seu Oponente

12. Mente Remanescente

一刀流未師之兵法御
相傳厚正之上本師之直傳
御執心甚以不浅故組数
不残御傳受重疊理高
勝員之御心得練功成故
忘劔術少利兵法之大意
御把無之貴人之真御叶
復奉見思我家之書物四卷
之内十二ヶ條 進上之仕雀也

"Este é o Sistema de estratégia militar passado adiante pelo fundador da escola Itto. Esta preciosa transmissão está completa, sem omissões e vem diretamente da sabedoria abundante do mestre. Você agora a recebe.

Por meio do treinamento você se armou com uma sabedoria poderosa para levá-la em combate. Contudo, se você não tiver firme compreensão dos princípios básicos sua técnica de esgrima será ineficaz. Estes princípios permitirão a você distinguir a verdade entre o que você vê e sente.

Existem quatro pergaminhos que precisam ser aprendidos nesta escola. Nós lhe entregamos este pergaminho com **As Doze Regras da Espada.**"

Linha de Sucessão

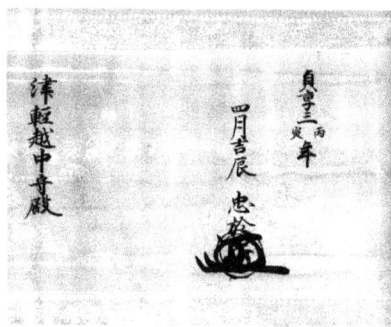

小野次郎右衛門

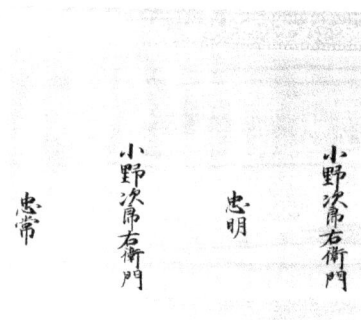

忠明

小野次郎右衛門

忠常

小野次郎右衛門

貞享三年

四月吉辰　忠於

津軽越中守殿

Ono Jiro Uemon Tadaaki 小野次郎右衛門忠明

O Segundo líder da escola Itto/Primeiro líder da Ono-ha ou Ramo Ono da Escola Itto, Ono Uemon Tadaaki (1565 or 1569 - 1628). Tendo vivido durante a tumultuada Era dos Estados Beligerantes ele serviu como instrutor de esgrima da família do Shogun Tokugawa. "A tradição oral demonstra que Ittosai fez Tadaaki lutar um sério duelo contra outro estudante, Zenki, a fim de estabelecer a sucessão de seu estilo". (wikipedia)

Ono Jiro Uemon Tadatsune 小野次郎右衛門忠常

O Segundo nome é o terceiro líder, Ono Uemon Tadatsune 1608-1666.

Ono Jiro Uemon Tadao 小野忠明右衛門忠於

O terceiro nome é o terceiro líder, Ono Uemon Tadao, que foi o quarto filho de Tadaaaki (e de uma forma confusa também o filho adotado de Tadatsune). Ele foi responsável por adicionar seis técnicas à mais à escola do Ramo Ono, totalizando 60, que se mantêm nos dias de hoje. Ele também escrever o Manual de Kanamaki Sensei 刀流兵法仮名字目録 em 1686.

Tsugaru Nobumasa 津軽 信政

O documento foi conferido a Tsugaru Nobumasa 津軽 信政 (1646-1710), quarto Daimyo do Domínio de Hirosaki, nos dias de hoje localizado na prefeitura de Aomori ao norte de Honshu, a ilha principal. Ele estudou filosofia e estratégia militar com Tamaga Soko 山鹿 素行. Por um breve momento a transmissão do sistema deixou a família Ono e foi mantida por Nobumasa. Ele enão transmitiu a tradição para Tsugaru Nobuhisa 津軽信寿 1669 –1746, seu segundo filho, que transmitiu os ensinamentos a Ono Tadakata, 小野忠方, permitindo que o quinto líder da Família Ono continuasse a linhagem.

北辰一刀流十二箇條譯

Hokushin Itto Ryu 12 Regras da Espada
A Escola do Corte Único da Estrela do Norte
Final do Período Edo 1820-1868

北辰一刀流十二箇條譯
Hokushin Itto Ryu

A Escola da Estrela do Norte do Corte Único

Esta versão das 12 Regras vai além da listagem simples encontrada no Mokuroku anterior. O autor e a data são desconhecidos. Contudo, uma vez que o título estabelece que é da Escola da Estrela do Norte o documento pode ser datado entre os anos 1820 quando a escola foi fundada por Chiba Shusaku 千葉周作(1794 – 1856). É possível que ele tenha escrito ou que ele tenha feito a cópia do documento.

Chiba estudou diversas escolas de esgrima. Ele primeiro estudou a escola Hokushin Muso com seu avô. Depois ele estudou a Escola de Kenjutsu Nakanishiha Itto com Asari Matashichiro. Asari foi estudante do ramo da Família Ono da Escola Itto de kenjutsu.

Este documento é dividido em duas seções, primeiro uma introdução às origens da Escola Hokushin e então uma descrição do significa de cada uma das 12 Regras. Como muitas coisas, as 12 Regras evoluíram ao longo do tempo. Um praticante mais recente da Escola do Golpe Único Hokushin chamado Yamaoka Tesshu 山岡鉄舟(1836 –1888) também produziu uma cópia das 12 Regras juntamente de uma introdução da escola. Yamaoka estudou duas linhagens diferentes da Escola Itto, Escola Hokushin Itto e a Escola Itto da Família Ono. A versão de Yamaoka Tesshu das 12 Regras tem uma nova introdução da escola e algumas variações das 12 Regras.

A seguir está a introdução atribuída a Chiba Shusaku seguida daquela escrita por Yamaoka Tesshu. Depois das 12 Regras conforme registradas por Chiba Shusaku (confirmar a ordem). Qualquer diferença significativa será apontada ao final de cada seção.

此辰一刀流名号畧解

當流劒術ヲ一刀流ト云名目ハ元祖伊藤一刀齋

ナルガ故ニ一刀流ト云ニ非ズ一刀齋ヲ熟法ハ一刀

ノ妙霊ニ在リト云フヲ覺悟シテ嘗テ劒法ニ

タレバ一刀ノ文字ヲバツテシ倍其法ヲ修シ目

又ニ一刀ノ文字ヲバツテシ倍其法ヲ修シ目

ノ法原因高遠意味深長ナリ一刀トハ劒法

ノ太極ナリ一刀ヨリ始元シテ千變萬化シテ而

シテ後一刀ニ歸ス混沌タル一圓的ニシテ始モ

終モ無ク起ト止モ無ク其間運調見難ク測

Itto Ryu
A Escola do Corte Único da Estrela do Norte

Uma breve introdução à sua origem

A razão pela qual essa escola é chamada Itto Ryu, a Escola do Corte Único, não é por que o nome do seu fundador era Ittosai, ou Igual a Um Corte O nome se origina da perfeição que pode ser encontrada em um corte. Ittosai desenvolveu o conceito do corte único e formulou sua escola nesses princípios. Ele decidiu usar o kanji para 一 Um seguido do kanji 刀 *Katana. Isso significa tanto Um Corte com a Espada ou Um Ataque.* Ele treinou exaustivamente ao longo do tempo a fim de aperfeiçoar a sua técnica. Quando ele sentiu que tinha encontrado aquela ideal ele então adotou o nome Ittosai, igual a Um Corte.

Os princípios básicos da Escola do Corte Único são ao mesmo tempo elevados e profundos. Itto é o método de esgrima que incorpora todas as coisas potenciais e leva em conta todas as possibilidades.

Do único corte nós começamos e a partir daí milhares de mudanças e dezenas de milhares de variações são possíveis. Ao final, contudo, toda esta miríade de possibilidades retorna para O Corte Único.

Se você fosse desenhar um círculo, o começo e o final seriam indiscerníveis. Você seria tão incapaz de dizer onde fica o ponto em que começa como o ponto em que termina.

難ク神妙不可思議ノ理ナリ都テ公ハ無

念無想ト説ク狐疑心無ヤウニ修行サスレバ更ニ

一段ノ﨟顗一刀ノ意味ヲ以テ妙處ヲ知ラシ

メントナリ無念ト云無想ト云常ノ教ヘナレドモ、

念ト想ト相對シテ念ト云モ無念ト理無念ト

云モ其中念有ナリ禪家ニ所謂無ハ猶一重

ノ關トシテ無ハ有ノ反對ナリ未寂滅ノ妙處

ニハアラズトナリ寂滅爲樂ト説寂滅ニ至テ始

テ道ヲ得トナリ寂滅ノ理ハ玄妙ニシテ測知難キ

コナリ是故ニ一刀ノ意味ヲ自得スレバ敵ヨリ測

Isso significa que não se pode confirmar nem como está se movendo tampouco qual será o próximo movimento. É um sentimento de outro mundo e um princípio insondável. É geralmente chamado de **Munen-Muso,** ou estar completamente livre de emoções e pensamentos, um aspecto fundamental para dominar o caminho da espada. Se você treinar suficientemente, você poderá eliminar dúvidas e hesitações da sua técnica de esgrima. Atingir esse estágio o permitirá atingir a sutil beleza do Corte Único.

Todos instrutores de esgrima dizem que você precisa aprender a se mover involuntariamente ou sem hesitação e que você deve estar sem emoções. Contudo, você deve considerar emoções e pensamentos como dois lados da mesma moeda ou talvez opostos. Quando eu falo sobre emoções, me refiro ao conceito de **Munen**, o estado de estar sem emoções, dúvidas ou pensamentos próprios. Não obstante, a despeito de se encontrar em estado de **Munen** há um elemento intencional que existe por dentro.

Praticantes do Zen dizem que o nada é apenas uma camada, em oposição à existência. Contudo, isso não explica totalmente a beleza da transição – pela morte – ao Nirvana. Compreender o significado de Nirvana é o primeiro passo no caminho que o levará à benção, a qual será encontrada quando você conseguir se livrar de toda distração e dúvidas.

O conceito de Nirvana pode ser bastante difícil de entender e defini-lo é quase impossível. Similarmente, se você obtiver sucesso em desenvolver um entendimento do Corte Único e da Escola do Corte Único, qualquer oponente que você enfrentar descobrirá que não podem antecipar o que você fará ou como você irá cortar. Você terá atingido a essência e será capaz de confundir completamente o seu oponente.

知ラル丶コ無玄妙ノ至極ナリ中庸ニ曰詩ニ曰

德ノ輶キコ如シ毛ハ猶有リ倫上天之載ハ無聲無

臭ニ至矣

前ニ玄ハ無念無想ノ無ハ育ニ對ト玄ナレバコノ無声無臭モ同シャウニテ至極シタルニハアルマジト

思フベケレトモ心ニ烈ルト軽ニ烈ルト無声無臭ハ至極ノ理ト見ルベシ

他ヨリ賛スルコ別アリ

是形容スベキ言ナキ故ニ子思子曰無聲無臭ヲ

以テ上天ノ妙用ヲ賛シタリ孫子曰微乎ペ

至於無形神乎ペ至於無聲ト是則千德

ノ民ヲ化スル兵法ノ敵ニ勝悉ク一理ニメ無聲

無臭無形無聲ノ玄妙ニ至テ自ラ必勝ノ理

備リ始メテ神上稱スベシ是當流ノ秘訣ニシテ

三余堂蔵

O livro de Confúcio "A Doutrina do Significado", atribuído a Zisi (481? – 402 AC), o único neto de Confúcio, contém uma citação do "Livro das Odes",

『詩』曰。德輶如毛、毛猶有倫。上天之載、無聲無臭、至矣

> O Livro das Odes diz:
> A virtude é leve como um fio de cabelo,
> E ainda assim até um fio de cabelo possui grandes princípios.
> Entre as funções do Paraíso Supremo,
> Não há sons, nem odores.
> É perfeito.

A "Doutrina do Significado" discute essa passagem.

"Como eu mencionei antes, a palavra **nada** da frase que trata do nada, sem sentimento e sem pensamento sustenta-se em oposição à palavra **existência.** Esse **nada** é aquele mencionado na citação acima, sem som e sem odores. Você deve considerar isso como o último objetivo. Isso deve se tornar parte da sua mente e deverá estar infundido dentro de sua técnica de esgrima. Eles devem ser iguais. Para atingir isso, tudo dependerá de quanto você se devotar ao treino. Você deve considerar atingir um estado onde as suas ações não terão som, nem odores, para ser o ideal que você objetiva atingir."

- "A Doutrina do Significado 中庸 Traduzida por A. Charles Muller

"Isso é algo que realmente desafia descrições. Contudo, você deve lutar para se desenvolver até que as suas ações sejam tão incompreensíveis quanto as dos deuses. O neto de Confúcio, Zisi 子思 às descreve como,

上天之載，無聲無臭

Os feitos do Paraíso Supremo não possuem nem som nem sabor – Essa é a virtude perfeita.

Confúcio também disse,

微乎微乎, 至于無形, 神乎神乎, 至于無聲, 故能為敵之司命。

Seja extremamente sutil, ao ponto de não ter forma alguma.
Seja extremamente misterioso, ao ponto de se tornar inaudível.
Dessa forma você poderá dirigir o destino do oponente.
微乎微乎, 至于無形, 神乎神乎, 至于無聲, 故能為敵之司命。

Se você obtiver os princípios da não-verbalização, da não-odorificação e da não-forma você terá uma proeza militar invencível. O mistério da não-verbalização é o primeiro princípio que você deve dominar para se tornar invencível, armado com suas habilidades você será chamado de divino por aqueles que o virem. Este é um segredo da nossa escola de esgrima.

Note:

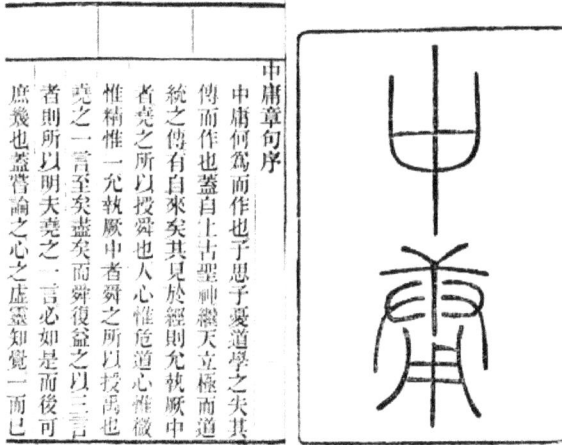

A primeira página da edição chinesa da "A Doutrina do Significado" com o título escrito em kanji arcaico (中庸).

Está é uma citação do Livros das Odes que é a mais antiga coleção de poemas chineses, compreendendo 305 trabalhos datados entre os séculos 11º e 7º AC. Tradicionalmente se diz que foram compilados por Confúcio. A seguir a passagem completa:

『詩』曰。予懷明德、不大聲以色。子曰。聲色之於以化民、末也。
『詩』曰。德輶如毛、毛猶有倫。上天之載、無聲無臭、至矣。

O Livro das Odes diz:

Eu estimo a virtude brilhante
Sem grandes estrondos ou cores chamativas.
Confúcio também nos diz "Em termos de transformar pessoas, sons e aparências não significam muito.

O livro das Odes diz:

"A virtude é mais leve que um fio de cabelo,
E mesmo assim o fio de cabelo possui grandes princípios.
Dentre as funções do Paraíso Supremo, não existem sons ou odores.
Isso é perfeito."

其詳悉ハ口ニ言ヲ俟テ能ハズ文字ニ傳フルコ能ハズ

所謂以心傳心是也雖然切磋ノ功ヲ積トキハ

自得シ易キ口傳有リ又北辰ノ文字ヲ冠シタル

兇煉千葉家先祖常胤ノ劒法ニシテ其法衆

妙ノ理有リ其妙用北辰ノ徳ニ齊北辰ハ北極星

ニシテ天地ノ正中ニ位シ南極ニ對シ天地ヲ運轉

スルノ樞ナリ子曰爲政以德譬如北辰居其所

衆星共之君ノ位ニ居テ不動無爲ニメ能衆星ヲ

臣トシテ使フ卽チ太極ノ體用ナリ至簡至靜

ニメ能ク衆ヲ服スルノ理是亦意味深長容易

Infelizmente, os detalhes de como isso é feito não é algo que possa ser transmitido por palavras, nem os conceitos podem ser transmitidos por escrita. Isso só pode vir do estudo direto com mestres de esgrima e, portanto, alinhando o espírito propriamente. Ao polir as suas habilidades por meio desse tipo de treinamento, você irá gradualmente desenvolver senso desses princípios. Você receberá transmissões orais que irão ajudá-lo a compreendê-los.

Adicionalmente, eu gostaria de falar a respeito do porquê a palavra Hokushin é parte do nome dessa escola. Originalmente o fundador dessa escola, Chiba Tsunetane, incluiu muitos aspectos espirituais em sua escola de esgrima. Dentro dessa escola, um aspecto particular de grande importância foi Hokushin. A palavra Hokushin significa "Estrela do Norte". A estrela do norte é o centro dos céus e opõe-se a estrela do sul. Este é o eixo pelo qual o mundo gira.

子曰、為政以徳、譬如北辰居其所、而衆星共之。

Aquele que exercita a governança por meio de sua virtude poderá ser comparado à estrela polar do norte, que mantém a sua posição enquanto todas as estrelas a circundam.

Os Analetos, atribuídos a Confúcio 551-479 AC por Lao-Tse. Traduzido por James Legge (1815-1897).

説盡シ難シ此斂法當家ニ傳リタルヲ一刀流

ト合法シテ北辰一刀流トハ號タルナリ、倍神

刻ト云ベシ、流トハ其元祖ノ法脈宗ナド或ハ門求

門業ナド云フニテ求ト云フナリ別ニ意味有

ニ非ズ俗ニナガレト云ナリ者流ノ流ト心得ベシ、

Isso define o corpo e as ações da Estrela do Norte. Por meio do princípio da simplicidade total e do silêncio total é possível controlar aqueles abaixo.

Isso é simultaneamente profundo e ao mesmo tempo simples. Sobretudo um outro tema completamente diferente para se escrever a respeito. Esta escola de esgrima é a combinação da nossa escola mais a Escola Itto e por esse motivo nós usamos o nome Escola Hokushin Itto.

Uma escola que se esforça continuamente pela excelência, adere aos princípios estabelecidos pelo fundador. Aqueles que já são membros do dojo ou descendem daquela família inferem que o aprendizado se encerrou ou que há um senso desse propósito. Em fato esta é uma escola criada por aqueles que estão no caminho do aprendizado.

Hokushin Itto Ryu
A Escola da Estrela do Norte do Corte Único
Introdução por Yamaoka Tesshu

抑も當流刀術を一刀流と名付たる所以のものは、元祖伊藤一刀齋

なるを以ての故に一刀流と云ふにあらず、一刀流と名付たるは其氣

味あり、萬物大極の一より始まり一刀より萬化して一刀に治まり又

一刀に起るの理あり、又曰く一刀流は活刀を流すの字義あり流はす

たるの意味あり、當流すたることを要とす、すたると云ふは一刀に

起り一刀にすたることなり、然れど其すたるの理通じ難し、於是か

さきより門前の瓦を云へるたとへあり、瓦を以て門をたゝき人出で

門開く、此時用をなしたる程に瓦をすつ可きを、其儘持て席上に通

らばかへつて不用の品とならん、是れすてざるが故なり、業も亦然

り、うつべき處あらば一刀にうちて用をなしたる故、こゝにすたる

ことあらばまたをこる萬化すといへどもみなしかり、打つて打ざる

ものゝ必となる、これ刀すたるの至極なり。

Nota:

Esta é a introdução de Yamaoka Tesshu às 12 Regras da Espada (ou da esgrima). Adicionalmente, ao tempo em que estudava ambos os ramos - Hokushin e o ramo da Família Ono - de Itto Ryu, Yamaoka matinha grande interesse pelo Zen. Ele expande a filosofia do estilo Hokushin da Escola Itto em sua introdução. Essa versão é do livro de 1917, "Discussões das 100 Regras da Espada".

Hokushin Itto Ryu
A Escola de Guerra do Golpe Único da Estrela do Norte
Introdução de Yamaoka Tesshu

A razão pela qual a Escola Hokushin Itto de **Tojutsu** (n.t. arte da espada), ou esgrima, inclui a palavra Itto não por que o fundador da escola se chamada Ito Ittosai. Há uma razão para a palavra "Golpe Único" é incluída no nome. Todas as coisas - grandes e pequenas – começam da unidade. O princípio de que o Golpe Único pode se transformar 10,000 vezes responde perfeitamente a esse Golpe Essencial e retorna ao princípio novamente pelo Golpe Único.

Mais adiante, o significado da Escola do Golpe Único inclui *"fluir com a espada que dá a vida"*. A palavra fluir, neste caso, é escrita como **Sutaru** em japonês. **Sutaru** é o sentimento de algo se encerra ao retornar para o princípio de onde começou. O conceito de encerrar ao se retornar para o princípio é fundamental na Escola Hokushin Itto. Isso é usado no sentido de que tudo começa com o Golpe Único, flui e retorna ao Golpe Único.

Contudo, esse conceito pode ser difícil de compreender. Há um velho conto que trata de um pedaço de telha pendurado em frente ao portão de um salão. Pendurado em frente a esse portão, você pega a telha caída do teto e o usa para bater à porta. Em algum momento alguém aparecerá para abrir o portão. Até esse momento você nunca precisou da telha derrubada, a qual você guardou consigo e que normalmente teria jogado fora, contudo você a manteve. Essa telha termina se tornando útil novamente porque você não a jogou fora.

又曰く流は水の流るゝなり、流るゝ水の如く機にすこしのとゝこ
うりなきの理もあり、流るゝ水の勢又廣大なり、山を流し谷をも
こすかくある時は流は元祖のくせと見るなり、一刀齋がくせの勢
を學ぶと云ふなり、俗に云ふまねをするの意味なり、一刀齋のまね
をしてくせを覺ゆるの心なり、近くは後人師のくせを學ぶが流なり
兵法とあるは武道なり、武藝の總名兵法なり、劍術とあるべき處を
兵法としたるは、こゝを廣く見せんが爲なり、一勢の一理を以て萬
理ををしうつるの意味なり、十二ヶ條は一ヶ條づゝ十二ヶ條の目録
をあげて、其次第を傳ふるところなり、一をつみて十二とあげたる
は意味深長たる處なり、一刀より起つて萬劍に化し、萬刀一刀に歸

As técnicas de esgrima seguem um mesmo padrão. Se a oportunidade de cortar surge, você deverá golpear com o "Golpe Único". Então você deverá retornar ao começo. Se você fizer isso, não importa a forma que os próximos 10,000 ataques tenham, você estará mentalmente preparado para golpear ou para não golpear. Esta é a última lição de esgrima retornando para o princípio.

Muito já foi dito a respeito do significado de *nagare*, ou fluir, é como o movimento da água. Quando uma chance se apresenta para o curso da água mudar, a água não demora nem por um momento. Este é o princípio de *nagare*, ou do fluxo. A energia em movimento da água é a força magnificente que pode erodir montanhas e cortar vales. O fundador desta escola estudou cuidadosamente a natureza da água fluindo. Tal foi o seu estudo que ele também aplicou em sua esgrima alguns dos traços da água corrente. Em resumo, ele imitou o movimento do fluxo da água. Ito Ittosai continuou a imitar o movimento e a natureza da água até que se torna-se um hábito. Ele então transmitiu o fluxo a seu sucessor.

A estratégia militar é o caminho do guerreiro. As várias artes marciais são parte da estratégia militar, contudo, ao longo deste documento a palavra estratégia militar é usada no lugar de técnicas de esgrima. Seu sentido é usado da forma mais ampla possível. Um único ataque pode seguir um princípio, mas tem em si a possibilidade de se transformar em 10,000 abordagens diferentes.

Este documento transmite 12 lições, as quais são postas em camada sobre a outra até que você termine com um *Mokuroku*, uma prévia desta escola de estratégia militar. Existe um significado profundo no fato de que as lições estão em camadas sobrepostas uma a uma. Um golpe com a espada pode se transformar em 10,000 variações e essas 10,000 variações então retornarão ao primeiro golpe.

す、年月の数十二ヶ月あり、一陽に起つて萬物造化し、陽中陰をめぐみて萬物生じ、陰こゝに極りて年月つくるものと見れば、陰中陽を發してまたいつか青陽の春にかへる、陰陽循環して玉のはしなきが如く、當流守行も亦如斯、一よりおこりて十二ヶ條におはる而してまたもとの一にかへりてつくることなし、またもとの初心にかへり、またもとにかへり、無量にして極りなき心を以て、十二ヶ條をあげたり。

Em um ano existem 12 meses. Quando a morte do inverno terminar, 10,000 novas coisas serão criadas. Contudo, nesta nova aurora há um elemento das trevas, Yang dentro do Yin, que pode dar origem a 10,000 novas mudanças. Existe certo momento do ano em que o Yang se encontra em seu zênite. Até mesmo neste topo há Yin dentro do Yang, a luz dentro das trevas. É como se a luz da primavera estivesse preparada para brotar. Este ciclo de Yin e Yang, o Sol e a Lua, é como uma esfera perfeita, completa e sem bordas.

O aprendizado realizado nesta escola é basicamente o mesmo, embora nós chamamos de "guardar a tradição" ao invés de dizer treinamento. O que começa com em **um** termina em 12 lições, contudo essas 12 retornam ao um. Isso significa que você retornará a ser um novato. É com este sentimento de retorno ao princípio, enquanto compreendendo que existem ilimitadas possibilidades, é a razão para a qual as 12 Regras da Espada foram criadas.

Nota:
Geralmente a *espada que dá a vida* (**Katsujinken**) é definida como uma forma de combate para atingir a vitória sem matar o seu oponente. O oposto é a *espada que mata*, (**Setsuninken**) onde o objetivo é obliterar a vida do seu oponente.

As 12 Regras da Espada

○平相国清盛入道浄海
源家をうつて威四海に
とゞろき一門高官を
記し一超色盛んかくて
入道悪逆わしわまりし
が養和元年閏二月浄海
大熱病ふおゝさせ六十
三才玉て死けるより
つり平家西海の
藻屑と成つて
源氏一とうの
世とハなりける
そきより前に

清盛入道

北の方の
覧ふ八歳
の章の上ふ

43

二之目付之事

二ノ目付トアルハ、敵ニ二ツノ目付アルト云フ也、

先敵ヲ一体ニ見中ニ目ノ所二ツ有ト

ナリ、切先ニ目ヲ付拳ニ目ヲ付ルナリ、是ニツ

ナリ、敵ノ拳動子バ打コ叶ハズ切先動子バ、

打コ叶ハズ是ニノ目付也又敵ニ耳目ヲ

付テ已ヲ忘テハナラズ故ニ我モ知彼モ知ル

ベキコヲ為がタメニ之目付也

1. Os Dois Lugares para Observar o seu Oponente

Esta técnica se chama Ni no Mezuke to Aru, ou *Os Dois Lugares para Observar o seu Oponente*. Antes de tudo, ainda que você mantenha todos os oponentes no seu campo de visão, há dois pontos que você deve focar. O primeiro é o Kisaki, a ponta da espada do seu oponente, e o segundo é o Kobushi, ou as mãos do seu oponente, que estão empunhado o cabo da espada.

Antes de golpear, o seu oponente você precisa primeiro mover a ponta de sua espada. Para mover a ponta da espada seu oponente precisa mover seus punhos. Dessa forma, esse são os dois pontos a se observar. A título de cautela, nunca se torne absorto em observar o seu oponente a ponto de esquecer de si. É essencial se conhecer, mas igualmente importante conhecer a seu inimigo.

切落トハ、敵ノ太刀ヲ切落テ勝ノ理ナリ切落

テ後ニ勝ト云ニハ非ズ石火ノ位トモ間ニ髪

ヲ不入ヘトモ云所ナリ金ト石トヲ打合スレバ、

陰中陽ヲ發スル時節ニ炎ヲ生ズルノ理ナリ

火何レヨリ生ズルヤ知ベカラズ、又間ニ髪ヲ容

ズトハ髪毛ホドノ隙間モナク一拍子ノコナリ、

陰極ッテ落葉ヲ見ヨ陰中ニ陽有テ落ト

共ニ何ノ間ニヤラ新芽ヲ生ジテアルナリ切落

ストモ共ニ敵ニ勝ノ理也、

2. Corte descendente

O princípio do Kiri Otoshi ou *Corte Descendente* não se refere a obter a vitória expelindo a espada de seu oponente de suas mãos, mas ao tempo de um milésimo de segundo. As vezes isso é definido como o quase não-existente milissegundo existente entre a batida da pedra no aço e a faísca gerada. Nem mesmo um fio de cabelo poderá caber entre o intervalo do impacto e a geração da faísca.

A ação da rocha atingindo o aço é a quintessência "In-Chu-Yo" ou a Luz dentro das Trevas. O Yang dentro do Yin. O corte descendente é a respeito desse fogo que emerge das trevas. A chama surge do nada em um momento. É tão pequeno que nem mesmo um fio de cabelo cabe nesse intervalo. Mesmo assim o que será gerado é desconhecido. O intervalo entre o golpe e a emergência da faísca é tão pequeno que nem mesmo um fio de cabelo pode caber neste intervalo.

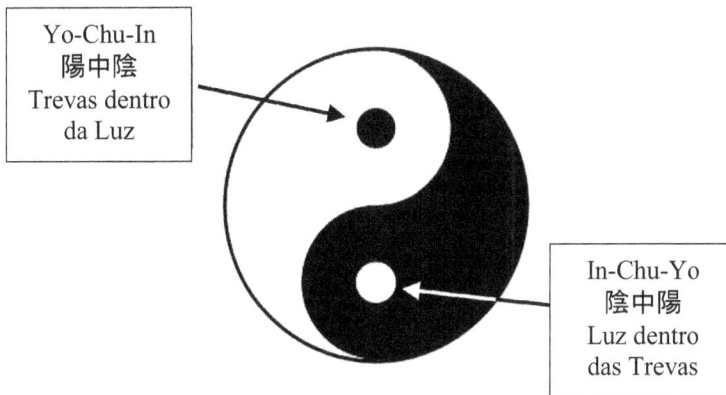

Esse princípio, quando colocado em prática, é representado pela palavra Hyoshi, que significa momento. A folha morta caindo de uma árvore é a maior representação do Yin, a lua, a morte e as trevas. Dentro do Yin, contudo, existe o oposto Yang, o Sol, a vida a Luz. Mesmo durante a queda da folha morta, em algum momento, um novo esporo irá brotar. Kiri Otoshi ou corte descendente permite que você derrote um inimigo usando esse mesmo princípio.

Nota: Hyoshi 拍子 pode significar tanto momento, quanto batida ou ritmo. Sua definição varia e muitas escolas japonesas discutem o seu significado. Ainda é usado em Kendo moderno..

遠近トハ敵ノ為ニ打間遠クナリ我ガ為ニ

近クナルト云フコトナリ何敵ノ容照仰ノク者ハ

打間遠クナリ我眼廉ツ伏テ臨カツテ打

者ハ打間近シ敵ヲ見下ト見上ハ大ナル

差別ナリ遠キ面ニ臨テ近キ拳手ニ勝有

事是ヲ以テ遠近ト云也

3. A Estratégia do Perto e do Distante

Criar uma situação em que o inimigo sinta seu próprio ataque distante enquanto a sua distância de ataque parece mais próxima é o princípio oculto da Estratégia do Perto e do Distante. Você forçou seu oponente a essa situação resultando a que ele precisa olhar de cima para baixo para lhe enxergar. Isso faz com o oponente se sinta abaixo de você. O oponente estando abaixo precisa girar a sua espada de forma mais distante até que elas se conectem. Inversamente, uma vez que o oponente está abaixo, você tem uma distância mais curta até o seu alvo.

Em uma confrontação desse tipo o combatente que olha para baixo tem clara vantagem sobre o oponente que olha para cima. Lembre-se dessa frase: "faça o ataque contra o elmo distante de você, mas tome a vitória atacando o punho mais próximo, que segura a empunhadura." Esse é o sentimento da Estratégia do Perto e do Distante.

Nota:

Yamaoka Tesshu incluiu essa linha adicional:
"Esqueça sobre a vitória próxima por meio do ataque ao punho mais próximo e ataque o elmo mais distante."
O que na verdade é um conselho oposto.

横竪上下之事

横竪上下ト八、中正ノ所ナリ上ヨリ来ル者ハ

下ヨリ應ジ下ヨリ来ル者ハ上ヨリ應ジ横ニ

来ルモノハ竪ニ應ジ竪ニ来ルモノハ横ニ應ジ、

心ハ中央ニ在テ氣配自由ナレト云コトナリ、

此圖ノ如ク心ハ中央ニ在テ轟動ザレハ、

横竪上下ノ矩ニ外レスト云コトナリ、

4. Horizontal, Vertical, Acima e Abaixo

Você está posicionado no centro entre o Horizontal, Vertical, Acima e Abaixo. Se um ataque vier de cima, responda por baixo. Se um atacante cortar por baixo, responda por cima. Se o ataque for horizontal, responda verticalmente. Se o ataque é vertical, responda horizontalmente. Em outras palavras, sua mente está no centro com a sua atenção e sentidos livres para detectar o ataque de qualquer lugar.

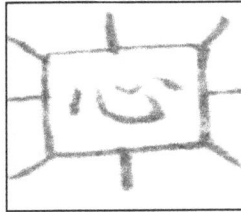

A ilustração acima sem dúvidas ajuda a visualizer esse conceito da mente ao centro/coração/espírito. Caso o mínimo movimento seja detectado você deverá se mover conforme as regras ditas acima. Horizontalmente, verticalmente, para cima ou para baixo.

Nota:
A versão de Yamaoka Tesshu tem uma ilustração e uma descrição mais detalhada.

A imagem é um retângulo com um quadrado dentro.
Desenhe um círculo no centro. Este é o ponto onde a sua mente está.
Isso se aplica não apenas às técnicas de esgrima, mas em resposta a todas as coisas grandes ou pequenas.

色付之事

色付ノ事ハ、敵ノ色ニ、ツクナト云フコトナリ、常

二見熟ザル、姿制ナドヲ見ト其姿制ニ取ノ

付或ハ挑聲ナドニ泥ハ悉色ニ付ト云モノ

ナリ、假令何樣ノ身法ナリトモ我修シ得タル

所ノ横竪上下ノ矩ニ外子ハ危コトカルベシ、

5. A Cor das Coisas

Colocar uma etiqueta ou categorizar algum aspecto do seu oponente, em outras palavras colori-lo, é algo que deve ser evitado. Por exemplo, se um oponente está em um Kamae (postura) que você não está familiarizado você pode se colocar em perigo ao perder tempo considerando e categorizando.

Igualmente, um oponente pode usar um Kakegoe*, um alerta ou grito usado para desafiar ou distrair um oponente. Se você se perder tentando decifrar o sentido, colocando uma etiqueta ou colorindo de alguma forma o kakegoe, você se colocará em perigo.

A sua forma de se aproximar de oponente deverá ser por meio da confiança no seu treinamento e do foco na resposta aos ataques conforme as regras do Horizontal, Vertical, Acima e Abaixo. Falhe nisso e o perigo será certo.

* Nota da versão brasileira: Kakegoe = Kiai.

目心之事

目心トハ目デ見ルナ心デ見ヨトテ云フナリ、目ニ
見ルモノハ迷ヒアリ、心ヨリ見ルモノハ迷ハズ目
ハ目付役ニ使心ノ目ニテ見ルナリ、目ノ用モ
速カナルモノナレドモ心ニテ主宰スルモノナレハ未ダ
動止セザル前ニ動止ヲ知ルハ心ノ功ナリ、

6. Os Olhos do Coração

A lição dos olhos do coração é a de que você não deve olhar para o seu oponente com os seus olhos, mas com o seu espírito. Se você olhar com os seus olhos você poderá se distrair, contudo, ao olhar com a sua mente, você se manterá focado. Os olhos devem atuar como observadores ou supervisores e é o coração que deverá ver o seu oponente.

Embora os olhos sejam rápidos para registrar o movimento, colocando o coração/mente/espírito inconscientemente à frente permitirá que você detecte a menor intenção de mover ou impedir o movimento de um oponente. Esse é o benefício de confiar na sua mente para ver ao invés dos olhos.

Nota:
A versão de Yamaoka Tesshu usa a mesma frase, mas próximo à última sentença se lê,

"A mente pode ver ambos os lados, o verso e o reverso do oponente. A intenção aparente e o objetivo escondido".

狐疑心之事

狐疑心ト云ハ疑ノ心ヲ發スナト云コトナリ

狐ハ疑多ノモノニテ獵夫ナトニ逐ハレテモ一心

ニ逃ズ此邊ヘ彼邊ト止リ顧ミテ疑ノ心ヨリ斬

他ヨリ廻リ打殺ル、ナリ、是疑ノ心ヨリ

ノ如シ、一條ニ逃ユカバ遁レ可ナリ劔術モ此

如ク、是シタラ頁ン如何シタラ勝ント疑フ内

ニ敵ニ打ルト云コナリ是故ニ狐疑心ヲ除去

心ヲ虚ニシ一刀ノ真劔ヲ修行スベシト云意

ナリ、

7. O Coração de Raposa

A regra de Kogishin ou o *Coração de Raposa* é não se permitir a dúvida. Raposas são cautelosas por natureza e veem tudo com suspeita. De fato, elas são tão desconfiadas que quando perseguidas por um caçador, ao invés de fugir para uma direção elas param aqui e ali para checar se há algo atrás delas. Durante uma dessas paradas o caçador circunda e mata a raposa.

A lição aqui é a de que o excesso de cautela leva a raposa ao seu fim. O que a raposa deveria fazer é fugir em uma direção apenas. Esse excesso de cautela pode ser prejudicial para a sua técnica de esgrima. Ao se deparar com um inimigo você pensa "Talvez eu deva fazer isso..."ou talvez aquilo..." em um esforço para evitar a derrota, mas o seu oponente usará esse momento para atacar.

É essencial, portanto, que você retire todas as dúvidas da sua técnica. Você deverá treinar vigorosamente até que somente exista o vazio. Esta é a lição do coração de raposa.

Nota:

Yamaoka Tesshu não inclui o segundo período do último parágrafo.

松風トハ、相氣ヲハヅセト云コトナリ松ニ風

アレハ、颯々トシテ、常ニ相氣ナリ、相氣ヲ旁

下子ハ善勝ハ非ズ弱ニ弱強ニ強石ニ石

綿ニ綿ハ如ク打合シテ、勝負見ズ依之

當流ハ拍子ニ無拍子ノ拍子ト打ナリ敵弱

カラン所ヲ強ク強キ所ヲ弱ク敵睛眼ナ

レハ下段ニシテ拳下ヨリ責敵下段ナレハ

睛眼ニシテ上太刀ニ抑ヘルト云ヤウニ相氣ヲ

旁下テ勝有ベシ風ヲ松ヲ倒盡松ナラ

風ヲ避過テ其ト獅ノ和ニ勝アルベシ

8. Pinheiro ao Vento

A lição do Matsu-Kaze ou *Pinheiro ao Vento* é não se deixar levar pelo ritmo do oponente. Mesmo quando um vento forte bate o pinheiro simplesmente curva-se contra essa força. O que essa lição ensina é que até que você consiga se livrar do ritmo do oponente, vencer será impossível. Combinando fraco com fraco, forte com forte, pedra com pedra, algodão com algodão, não resultará vitória.

Esse é o motivo por que esta escola usa o ritmo sem ritmo ao atacar. Se o oponente está fingindo fraqueza, ataque com força e se o inimigo lançar um ataque agressivo responda com suavidade. Se o oponente estiver em Seigan, a posição da espada com o cabo da espada junto ao quadrinho e a ponta da lâmina apontada para o seu olho esquerdo, você deverá se posicionar em Gedan, com a ponta da sua espada mirando para o chão.

A partir dessa postura corte o seu oponente de baixo para cima até o Kobushi, a mão segurando a empunhadura da espada. Inversamente, a um oponente que esteja em gedan", posicione-se em Seigan e controle o seu oponente pelo Uwatachi, terço superior da espada. Se você não se ajustar ao ritmo do oponente poderá vencer.

O pinheiro escapa do ataque de um vento forte, dobrando-se e diminuindo a velocidade do ataque feroz. Isso lhe permitirá escapar da presa de um tigre.

地形之事

地形トハ順地逆地ノコトナリ、爪先下リノ地ヲ

順地ト云、爪先上リノ地ヲ逆地ト云、順ハ勝ツ

ノ地ト云テ、敵ヲ峯下リニ眼下ニ打ツ故利

多シ、逆ハアゼ地トテ敵ヲ見アゲ容照リ

仰キ見ルユイ、頂ベキ地トハ云ナリ、風雨

日月、ナトニ向テ摸アルモ此地形ノ理中ニ

在然レトモ、場所ニヨリ逆地ニアリトモ進

退駈引シテ敵ヲ逆地ニシケトモナリ、

9. O Chão Sob seus Pés

O chão sob seus pés se refere a duas maneiras de pisar que são opostas uma à outra. O primeiro é **Suchi** e o segundo é **Azachi**. **Suchi**, solo ordenado, são os dedões do pé apontando para baixo à medida que você avança. **Azachi**, solo reverso, é quando os dedões dos pés apontam para cima enquanto você recua.

O movimento representado pelo kanji **Jun** 順 é conhecido como o *passo vencedor*. Isso ocorre porque parece que o oponente está abaixo de você e, portanto, você terá um caminho claro para cortar as mãos que seguram a espada à medida que o oponente efetua o corte. Existem muitas vantagens em ter um alvo claro na sua linha de visão

O passo indicado pelo kanji **Gyaku** 逆, ou reverso, é conhecido pelo nome completo **Azachi**. Como parece que o inimigo está acima de você, isso é conhecido como *terreno derrotado*.

Este é o chão debaixo de seus pés. Claramente chuva e vento, dia e noite e todos os outros fenômenos estão incluídos nesta rubrica e todos têm seus deméritos. Dependendo da situação ou da estratégia que você pode estar empregando, recuando ou avançando com o **Azachi**, apesar de suas conotações negativas, pode ser a melhor maneira de responder a um oponente.

Nota da tradução em inglês:

Jun e Saka/Gyaku são termos comuns de artes marciais para duas maneiras diferentes de fazer alguma coisa. Por exemplo, segurando uma lâmina de faca para cima é Junte, enquanto segurando a faca com a lâmina para baixo é Sakate ou Gyakute. Azachi e Suchi são maneiras incomuns de ler esses kanji e não consegui encontrar nenhuma informação sobre a origem disso.

無他心通之事一

無他心通トハ、敵ヲ打ツニ一偏ノ心ニナレト云
フナリ、常ノ修行ニモ、偏シ多キ為ナド
忘動シ或ハ他念ニ心引レテ自己一ツパイノ
働キナラヌモノ故、他ニ心ノ通ゼス、已修行
シ得タル業ダケヲ以テ、敵ニ當ト云フナリ、

10. Evitando Pensamentos Estranhos

A lição ensinada pela frase Mu-Ta-Shin-Tsu, ou *Evitando Pensamentos Estranhos* significa não permitir que pensamentos perturbadores assolem a sua mente. Você deve estar totalmente comprometido com apenas uma coisa, atacar o inimigo. Durante o treinamento existem inúmeras coisas que podem distraí-lo.

Se algo chamar sua atenção ou algum detalhe despertar um pensamento ou sentimento, sua mente ficará parcialmente ocupada e seus ataques não serão totalmente comprometidos. Você nunca deve permitir que as distrações prejudiquem sua concentração durante o treinamento. Concentre-se apenas em permitir que as técnicas e estratégias que você absorveu durante o treinamento destruam seu oponente.

間之事

間ト云ハ敵合ノ間ノ事ナリ、自分ノ太刀下

三尺、敵ノ太刀下三尺ト見テ六尺ノ間ナリ一足

出子バ敵ニ當ラズ故ニ打モ突モ當ラズ一旦

一刀ト教ヘリ、又曰　　敵ノ隙間

次第ニ入テ勝ノ意味有リ此間合ノ大事

常ノ稽古ニ自得スベキ一所也

11. O Intervalo entre Você e o seu Oponente

A palavra Ma 間 ou *intervalo* refere-se ao espaço entre você e seu oponente. Sua espada tem 3 Shaku, 90 cm de comprimento. A espada do seu oponente tem 3 Shaku. A distância total entre você e seu oponente é 6 Shaku. Esse intervalo refere-se a uma distância de 6 Shaku, ou 180 cm. Dessa distância, nenhum combatente pode cortar sem dar um passo à frente. Na escola Hokushin Itto Ryu referimo-nos a essa distância como Issoku Itto 一 足 一刀 ou *Um Passo Um Corte*. Isso descreve o impasse em que ambos os combatentes estão o mais próximo possível um do outro sem conseguirem efetuar um corte.

Também se diz que... 「 Esta seção é abreviada devido ao fato de os Kanji serem complexos 」.

Mas o significado é observar cuidadosamente o oponente e quando você vir uma abertura entre e ataque. Você deve aprender essa distância com relação à pessoa com quem estiver treinando e aplicá-la durante o treinamento.

Nota:
Este texto acima tem a frase 「Esta seção é abreviada devido ao fato de os Kanji serem complexos」. Isso provavelmente significa que os Kanji foram revelados apenas de pessoa para pessoa, no entanto, a versão posterior do Yamaoka Tesshu escreve o Kanji como 周光容 間, que provavelmente é lido como Shu-Ko-Yo-Kan. A tradução da frase seria algo como *usar a luz ao seu redor para definir o intervalo*.

残心トハ心ヲ遺サズ打ト云フコトナリ中ルマ

ジト思フ所ナドワザト打ナドハ皆残心ナリ

心ヲ遺サズ身ヲ廃ハ元ニ還ルト云理ナリ

斯レバ行過越身ナルヤウナレドモ斯危殆

所ヲ勤子ハ狐疑心ニナリテ慳悟心ニナリテ

業ノ神妙ニ至ルフ叶ハズ是ヲ以テ勝所

ニ頁アリ負ル所ニ勝アリ其危頁ル所

ヲカメテ自然ニ勝アルフヲ自得スベシ自然

ノ勝ト八節ヲ撃ツナリ鷹ノ諸島ヲ撃ツニ

12. A Mente Remanescente

A palavra Zanshin ou *Mente Remanescente* é composta de dois Kanji. O primeiro elemento Zan, é *permanência*. O segundo Shin é *coração* ou *mente*. Na escola Hokushin Itto o objetivo é atacar sem Zanshin. Isso significa atacar sem pensamentos ou dúvidas. Pensar na sensação de cortar seu alvo, pensar em uma jogada complicada e assim por diante são todas formas de Zanshin, mente remanescente. Se, após um ataque, você não tiver nenhuma ideia da técnica que acabou de executar, sua mente retornará ao seu estado original antes de cortar com sua espada. Este é o princípio de Zanshin. Não haverá nada arrastando você de volta.

Outro problema com o Zanshin é a tendência de se exagerar, de cortar demais ou de perder o equilíbrio. Esse tipo de ação é perigoso e está diretamente relacionado ao tipo de erro de movimento descrito em Kogishin, *o coração de uma raposa*. Esse estado lamentável significa que sua técnica não será fluida, nem bonita e não terá majestade. Uma posição que deveria ter trazido resultados de vitória na verdade trará a sua derrota. Quando a derrota de seu inimigo parecia certa, a vitória será dele. Você deve treinar para emergir naturalmente vitorioso de uma situação de perigo que deveria ter trazido derrota.

A chave para a vitória é o momento, a chance. Os falcões atacam todo tipo de pássaro, mas a única coisa que permanece inalterada é o fato de que eles esperam sua chance e atingem o ponto mais fraco de suas presas. O mesmo princípio se aplica ao Kenjutsu, se você não atacar quando a chance aparecer, você não alcançará a vitória. Se você entrou em uma centena de batalhas e atingiu esse ponto cem vezes, nunca duvide de que conseguiria a vitória cem vezes.

皆節ニ中ル、刀術モ然、節ニ中ラザレバ勝
ニアラズ節ニ中ラバ百勝、疑アルベカラズ善ヲ

捨テ悪ヲ勤メ、惡ヲ勤テ善ヲ識、當傳ヲ捨テ、

又ヱノ初心ノ一ニ歸リ、自慢ナク勤ベキコトナリ、

心ヲ避ケ遺子バ遺ルトㇾ云理モアリ、戾心ナリ、假令一ツ

茶椀ニ水ヲ汲、速カニ弁去、又中ヲ見レバ一ツ

滴ノ水アリ是、速カニステルカ故ニ、モドルナリ、

是ヲㇾ以テ惜マズ慶コヲ當流ノ要トス、

是ゾ奥義ノ一刀圓滿ナリ、終ニ磨シ玉

ノ端無ガ如ノ時ニ至ルベシ

Abandone o que é bom e use o que é ruim, use o que é ruim para entender o que é bom. Abandone o que aprendeu em Hokushin Itto Ryu e retorne para quando era novato. Esforce-se para eliminar o excesso de confiança. Se você mantiver parte de sua mente, será como se arrepender. É como se você tivesse um coração retornando, repetindo a ação em sua mente.

Por exemplo, se você, ao colocar água em uma xícara de chá, derrama para fora imediatamente, quando você olhar para dentro da xícara encontrará restos de gotas de água. Mesmo que você tenha jogado a água fora será como se ela tivesse retornado. Esse conceito, embora difícil de entender, deve ser compreendido como sendo um fundamento desta escola.

Este é o ensinamento mais profundo e secreto da Escola Hokushin Itto de esgrima e leva diretamente à perfeição do Corte Único. Você deve continuar aprimorando suas habilidades até que não haja cantos em sua esfera de conhecimento. Até que você tenha criado um círculo perfeito.

釼道秘書

Kendo Hisho

O Pergaminho Completo e Secreto da Escola de Esgrima
Período Edo

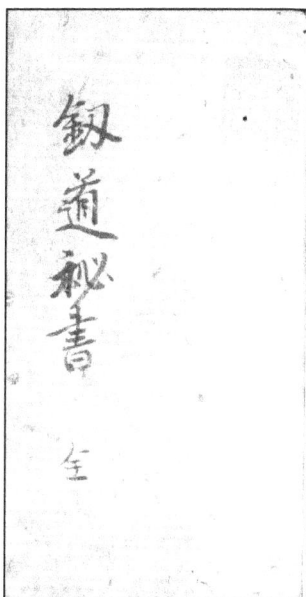

劔道秘書
Kendo Hisho
O Pergaminho Completo e Secreto da Escola de Esgrima

Este livro trata inteiramente dos ensinamentos da Escola Itto. O livro não tem data, mas aparenta ser de fins do Período Edo. Faz parte da coleção de Tokugawa Muneyoshi 敬川宗敬 (1897-1989). Tem um **Mokuroku** ou *lista* das Doze Regras da Espada escrito em bom texto, contendo também alguns feitiços. Esses feitiços provavelmente foram usados para ajudar a manter o foco de um Samurai. As descrições são um tanto vagas, mas é interessante verificar aspectos espirituais que acompanham o treinamento de esgrima.

O Pergaminho Completo e Secreto da Escola de Esgrima: As Doze Regras da Espada

Nota: Este também é um Mokuroku que apenas lista os nomes de cada uma das 12 regras, sem maior elaboração. O script original em pincel e japonês cursivo foi re-escrito pelo tradutor da versão em inglês desta obra para o atual padrão de Kanji em uso.

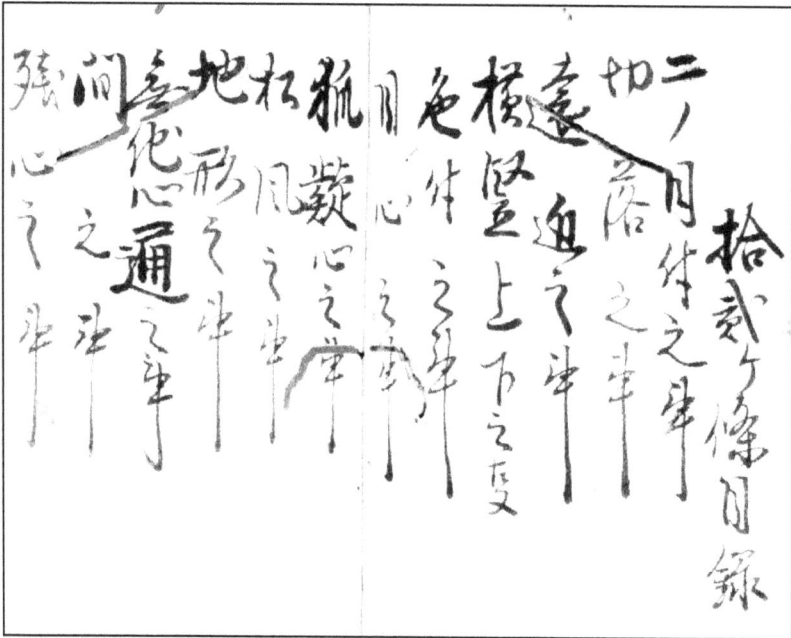

拾弐ヶ條目録

二ノ目付之事
切落之事
遠近之事
横堅上下之事
色付之事
目心之事
狐疑心之事
松風之事
地形之事
無他心通之事
間之事
残心之事

Prece Mágica 1
Dedicado ao deus Marishiten
Ichi Ji Senza Ho: *Mil Dias de Oração em um Instante*
Uma prece a Marishiten que lhe permitirá obter o mesmo benefício
de mil dias de oração.

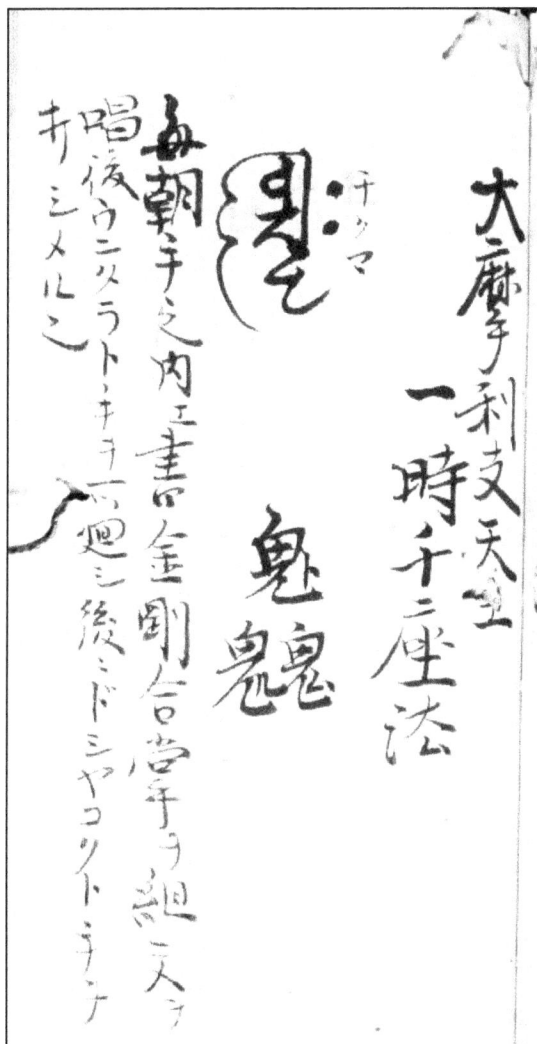

Ichi Ji Senza Ho: Mil Dias de Prece em um Instante

Uma prece a Marishiten que lhe permitirá obter o mesmo benefício de mil dias de oração.

Desenhe o carácter sânscrito **Chikuma** (abaixo, à esquerda). Abaixo, desenhe o Kanji para demônio **Oni** 鬼 três vezes (abaixo, à direita). Cada versão terá dois finais especiais, to - ト, ru - ル ou mu - ム.

Todas as manhãs, escreva esses caracteres na palma de sua mão. Então junte suas mãos em posição de prece - **Rengo Gasho**, onde suas mãos representam os metais mais fortes, e entoe **Nan Mu Dai Shi Henjo Kongo**, 南 無 大 師 遍 照 金 剛 ou Eu me refugio em Henjokongo.

Após entoar a oração termine com um forte som **Un!** enquanto gira as mãos uma vez. Termine batendo palmas uma vez e esfregando-as.

Nota:

Namu Daishi Henjo Kongo é o nome póstumo de **Kukai**, 774–835 d.C., lendário monge budista conhecido como o "Grão-Mestre que Propagou o Ensino Budista Kōbō-Daishi". Ele fundou a Verdadeira Palavra do Budismo Shingon.

Outra possibilidade é entoar a seguinte oração para Marishiten, **Namu nichirin Marishiten** - 南 無 日 輪 摩 利 支 天 な な なん. Isso inclui o título de Marishiten, que é Nichirin, ou Deus do Sol.

Prece Mágica 2
O-Katana no In: *Selo da Grande Espada*

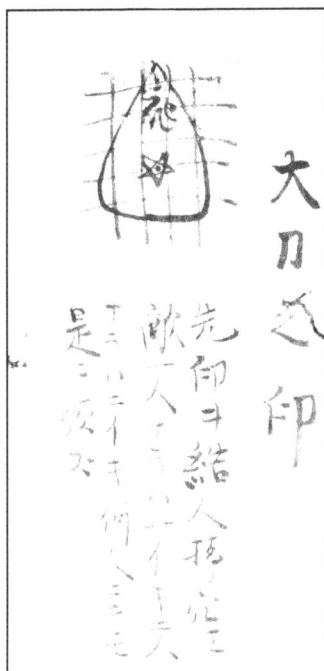

A pessoa que fizer o selo deve olhar para o céu. Se estiver sendo lançado em uma pessoa, use uma respiração, se duas, depois duas. Continue adicionando respirações sucessivas ao adicionar mais pessoas.

Nota:
Este é um Juji, dez cortes ou cruzes, uma variante do Kuji, nove corte ou cruzes. As linhas verticais e horizontais representam os cortes alternados feitos com a espada ou os dedos no ar à sua frente. Cada corte representa um dos Kuji, ou Nove Símbolos Místicos. Cada um dos nove símbolos é representado por um dos Kanji na frase 臨 兵 斗 者 皆 陣 列 前 (Ren - Pyo - Toh - Sha - Kai - Jin - Retsu - Zai - Zen) e significa *que todos aqueles que presidem sob os guerreiros sejam a minha vanguarda*. Ao terminar o Kuji, você adicionaria o símbolo no centro da grade, conforme indicado acima. Isso perfaz Juji, o décimo corte simbólico.

一刀流兵法假名字書

Itto Ryu Heiho Kanajisho

O Manual de Esgrima

De Kanamaki Sensei
1686

Introdução

O título deste livro é Itto Ryu Heiho Kanajisho. Uma maneira de traduzir o título seria "*O Pergaminho do Abecedário da Escola do Corte Único de Estratégia Militar*", referindo-se ao fato de que ele foi escrito com muitos Kana, o alfabeto japonês básico, em vez do estilo chinês, inteiramente em Kanji. Estratégia militar seria a tradução direta do título, mas o livro se refere à técnica de esgrima, portanto, "o pergaminho da esgrima" é mais adequado.

De acordo com um vassalo sem nome da Família Ono,

Este documento é da Era de Ito Ittosai. É um documento que lista a técnica da escola Itto escrita no vernáculo. Este documento foi usado para ensinar. Lord Tadaaki deu permissão para que o livro fosse transcrito [do japonês antigo] para o vernáculo e usado como um manual de instruções.

Isso implica em que haja uma versão mais antiga deste documento escrita em Kanji, mas não parece ser o caso. Uma explicação mais provável é que ele contenha os ensinamentos de Kanamaki Jizai, professor de Ito Ittosai. Isso leva as duas primeiras sílabas do primeiro nome e adiciona a primeira sílaba do segundo nome.

Em japonês, *Kana-ji* seria o equivalente a "Vovô Kana", uma maneira afetuosa de se referir a um ancião. Por isso, chamo isso de "Manual de Esgrima de Kanamaki Jizai". O livro está sem data, mas provavelmente seja do início da Era Edo. Caso os ensinamentos sejam realmente os Kanamaki Jizai, então a informação tem sido transmitida desde o século XVI.

O livro Itto Ryu Gokui, "*A Essência da Escola Itto*", de Sasamori Junzo 1886-1976, foi de grande ajuda na interpretação deste documento. Ele foi o 16º Soke de Ono-ha Itto Ryu.

一刀流兵法假名字書

一刀流ト云ハ先一太刀ハ一ト起テ十ニ、冬ニ
十ト起テ一ト納ル處也故ニ萬有物ヲ
カゾユルトイヘ圧右ノ處也習ゥカヘテ見
ル二本ノ一刀ト云々、

A Escola Itto

A Escola do Corte Único começa com um único ataque com sua espada e termina com o décimo. Começa novamente no décimo dez e volta ao primeiro. Por esse motivo, pode-se dizer que abrange todos os seres vivos e todas as possibilidades e finalidades concebíveis em si ou um fim em si mesmo. Para aprender a Itto School você deve focar seu treinamento no Corte Único.

Nota:
A frase ..."termina com o décimo" pode estar se referindo ao fato de que 9 é o número mais poderoso e, portanto, 10 não é visto maior que 9, mas como um retorno a 0.

Comentários por Sasamori Junzo:

"Se você iniciar com uma linha horizontal, o Kanji para *Um* 一, ... e adicionar uma linha vertical que faz *Ju* 十, o Kanji para dez. Se você adicionar outros dez em cima do anterior e girá-lo, você terminará com Kanji, Kome 米 ou *arroz*. Se você continuar adicionando dezenas em três dimensões, forjará uma esfera ... Como a esfera é ilimitada, ela representa o Taikyoku circular (Taiji) 太極, o princípio que personifica todas as coisas. Se você desmontasse tudo, acabaria terminando com o *Um* 一."

一鹿ヲ追フ獵師ハ山ヲ見ストイヘモヌルヲ見

ル處モアリ山ナトノヤウナルツヽナタル處

山ヲ見ス鹿心ヲ捜テ行ヘケレモ川ナト

有テ鹿ハ己カ輕キ勢ヲ以テ飛ヒ越行

ミツカラ何ト山ヲ不見ニ行カント、ハレモナラ

サル時ハ如河山ヲ不見トモ云カタシ小山

ヲ見ルニモ非ス詞ハ元師景久ハ口畢竟

皆山ヲ見ルニ有ソレヲ知テ山ナレハ山口川

アラハ川口捜フサカリ己クヲクラン方ニ追

向勝時ハイト安カランヤ

Enxergando a Montanha

Costuma-se dizer que quando você está caçando um cervo, você não vê as montanhas ao seu redor. Há também momentos em que você vê apenas a montanha. Há também momentos em que você se torna a montanha e quando finalmente encurrala o animal e o atinge, não o vê mais. Enquanto você persegue o cervo com determinação, existem rios e assim por diante. O veado veloz foge com todo o seu poder em uma direção, totalmente alheio às montanhas ao seu redor. Enquanto você pretende perseguir o cervo, não deve deixar de notar os rios que correm pelas montanhas. Por mais furiosa que seja a sua busca, ensina-se a nunca perder de vista a montanha. No entanto, também é verdade que você não deve olhar apenas para a montanha.

Lembre-se do que o professor-fundador Kagehisa (Ito Ittosai Kagehisa) disse: "Você deve olhar para a montanha". Tendo isso em mente, persiga seu adversário e o encurrale em um local que seja ideal para você. Se for uma montanha, atinja seu inimigo no sopé da montanha, se for um rio, então corte-o na foz do rio.

Sasamori Sensei:

Pense no cervo como seu alvo e na montanha como o local do concurso. O alvo está se movendo livremente sobre a montanha e, portanto, é difícil de acertar. Primeiro, olhe para a montanha e determine onde o alvo está em relação a ela. Então olhe para o local e o alvo. Finalmente, force o alvo a um local que permita que você o retire com facilidade.

Quando você treina ou luta um duelo de prática, isso é feito em um piso feito de tábuas largas e planas. Embora não haja montanhas, riachos, florestas ou casas ao seu redor, nunca permita que o inimigo o encurrale. Desde o início, você deve manter o oponente e o ambiente em sua linha de visão.

一風ニソヨク荻ノ如シ柔剛強弱此處也歟

強カラン處ヲ弱ク弱カラン處ヲノツトリテ強

ク勝車也 強キニ強弱キニ弱キハ石ニ不綿ニ

綿ノ如シ石ハ石ニ當テトヒカヘル時ハ勝ニ非ス

綿ハ綿ニ逢時ハ生死ニヘス故ニ刀流ハ拍

子ノ無拍子無拍子ノ拍子トニヘ

Curve-se como o Salgueiro

Quando o vento soprar, curve-se como o salgueiro. Esta é uma maneira de se referir a Jugo Kyojaku 柔 剛 強弱 – *Suavidade, Firmeza, Força e Fraqueza*. Se o inimigo ataca com força, responda com suavidade e se o inimigo ataca com suavidade derrube-o com força. Responder a força com força ou a suavidade com suavidade é como pedra sobre pedra ou algodão sobre algodão.

Golpear uma pedra com outra pedra só resultará em ambas as pedras se repelindo, sem vitória. A reunião de algodão com algodão resultará em um duelo inconclusivo onde as duas pessoas sairão vivas. É por isso que a Escola Itto usa ritmo contra descompasso e descompasso contra ritmo.

Sasamori Sensei:

Há também o ditado "Enquanto o pinheiro se dobra, a árvore de salgueiro se quebra". O colmo se parece muito ao salgueiro, ele se dobra com o vento forte, mas se rompe se atingido por sopro brusco e abrupto. Se você segurar as duas extremidades de um salgueiro japonês e forçá-las para dentro até formarem um M e então puxá-las bruscamente para fora ele irá se romper instantaneamente.

Este é um exemplo de ataque com um ritmo sem ritmo.

Nota: A palavra para ritmo aqui é a mesma palavra Hyoshi 拍子 usada para "*momento*" em "As 12 Regras da Espada". A definição desse termo parece conter os dois conceitos ao mesmo tempo. São ambos a chance e a batida. Não é fácil definir o significado do ritmo no combate com espadas, pois o ritmo musical é a imagem mais comum que vem à mente. A diferença pode ser vista como um ataque instantâneo versus um ataque preparado. O último poderia começar com uma finta ou algum tipo de bloqueio. No kendo moderno isso se refere a um movimento contra dois. Um ataque direto contra erguer a espada e atacar. Kami Izumi Ise no Mamori disse nas "Trinta Regras do Soldado",
"Não importa o que o oponente faça, avance e atinja-o com uma ação."

一水月ノ事水ニウツル月也其月影ヲ又
汲器ニ明ニウツス處也月ハ汲ツル水ヲ亦
汲トイヘモ影ウツラストイフ事ーナシ自心體

Lua refletida na Água

Suigetsu no Koto refere-se à lua refletindo na água. A forma da lua pode ser vista brilhando intensamente na água que preenche um copo. Embora se diga que você pode beber a água em que a lua se reflete, em lugar algum diz que não poderá beber a sombra que está refletida também.

サヽキテ不見分ニヨリ汲ツル水ニ月ナキト見

ユ是ヲ狐氣ノ心ト云心誠ニテ汲テ見ヨ

汲ツル水ニモ同月在　　歌ニ

敵ヲタヽ打ト思フナ身ヲ守レヲノツカヲモル

シツカヤノ月

詞ハ眉ナカラン太刀ニカヽハルハ非也或ハ賤

トイヘ圧己カ菴ヲ漏ト思ハ子モ事不ヽ、ニテ

フク故ニ月ハ天ニアレ圧自然ニ影モルヽ也其

86

Se seu corpo e mente estiverem tumultuados, você não conseguirá diferenciá-los e ficará em pânico a ponto de parecer que não há lua na água. Isso é descrito como **o coração de uma raposa**. A relação entre suas intenções e suas ações deve ser como a lua refletida na água. Há uma música antiga que diz:

"Um guerreiro que apenas pensa em derrotar um inimigo, encontra o luar naturalmente entrando a sua casa".

Isso descreve o estado de dedicar sua espada apenas para garantir que você não seja derrotado. Você pode ser uma pessoa pobre e pode ser uma pessoa rica. Seja qual for, você tem confiança de que não há infiltração no seu telhado. No entanto, haverá algumas rachaduras inevitavelmente. A lua ocupa todo o céu e naturalmente encontrará um caminho. Quando você entrar em combate desista de tentar se defender contra qualquer ataque possível do inimigo.

如ノ敵ヲ討タント思ハ子モ已カ一身ヲヨク守リ

ヌレハ悪キ處ヲ不知シテ已ト勝理也ノ前

ノ守事ヲ忘レ敵ヲ討タント思ヒ心躰少々

サハキヌル時ハ肩大ヒナルヘシ

Embora você possa se defender com grande habilidade, inevitavelmente haverá fendas na sua armadura e o oponente alcançará a vitória sobre você. Você deve desconsiderar a noção de que precisa se defender e se concentrar em destruir o seu oponente. Qualquer discórdia entre a mente e o corpo resultará em derrota total.

Sasamori Sensei:

Você não pode se defender contra todas as eventualidades. Embora você tenha passado muito tempo cobrindo cuidadosamente o telhado de sua residência, a luz da lua encontrará uma maneira de entrar no seu quarto. Você pode muito bem se proteger em todas as frentes, no entanto, os ataques implacáveis de um inimigo naturalmente encontrarão uma falha e penetrarão. A luz da lua é tranquila e pacífica, assim como quando está refletida em uma poça d'água.

一 ホンシヤウノ事真草行ㇳテ三ッ有真ノ本

勝ハモトヘカッ草ノ本正ハモトヘサシク行ノ本

生ハモトノムマレㇳ書也傳ハ草行二ッ先モ

ㇳヘ正シクㇳ云ハタㇳヘハ打テ取ラン處ヲ押

Honsho

Este capítulo trata da palavra Honsho, a qual possui três significados possíveis. *Verdade, Movimento* e *Grama/Mato*. O primeiro, Honsho 本 勝, significa a vitória real, derrotando o oponente pelo centro de sua estratégia. Este conceito de atacar a estratégia do oponente é indicado pelo Kanji Shin 真 ou verdade. O Kanji do último Honsho 本正, significa base genuína ou correta. Isto é, atacando a estratégia do oponente com todo o seu poder, como se arrancasse a grama pelas raízes. O Kanji Kusa 草, ou *Grama/Mato*, representa esse conceito. O Honsho central é escrito com os dois Kanji 本生 que significa *nascer do centro*. Isso é representado pelo Kanji Yuku 行 - *realizar*.

Nota: Interpretação a seguir:

Honsho			
Kanji	Significado	Honsho	Tipo de Ataque
真 Shin	Verdade *Atacar o Centro*	本勝 Vitória Verdadeira	Destruir a estratégia do oponente antes de se iniciar. Similar a **Sen no Sen**. Iniciar um ataque preventivo ao se identificar a estratégia do oponente.
草 Kusa	Grama/Mato *Atacar a Origem*	本正 Base Genuína	Iniciar um ataque para inviabilizar o corte do oponente. Independentemente da estratégia do oponente, ataque com força desproporcional e mortífera.
行 Yuku	Progressão *Mover-se Naturalmente*	本生 Progressão Inata	Confiar em seus instintos para obter a vitória. Assemelha-se a **Go no Sen**, responde-se ao ataque do oponente.

テ置テ心ノ儘ニ勝事モトヘマサシキ本正也又

モトノムテレノ本生ハ或ハ陰ヨリ出ル太刀ハ口

クナルニ拂元ハ本生ニ非ス生ル如クニ治スルヲ

モトノムテレノ本生也此心ヲ知テ用ユレハ無理

ナル事ナリ假初ニモ實テ勝故萬一仕損

タリトモ危事ナキナリ古直央ハ本勝ハ

唯授一人ニシテ第子ニハ千金莫傳ル

Neste documento apenas dois Honsho serão discutidos, o representado pela Grama/Mato e o outro Progressão.

O primeiro conceito, Grama/Mato, diz atacar o Honsho, escrito como base verdadeira. Por exemplo, quando o oponente começa a se mover e a cortar, você imediatamente suprime esse ataque. Mantendo a sua estratégia rápida, você vence cortando Honsho e puxando a raiz do ataque do oponente.

O segundo conceito é Realizar ou Progredir 行. Este Honsho, escrito como 本生 - *nascido do centro*. Isso geralmente é descrito como a espada que vem de Yin ou a sombra. No entanto, varrer o corte de um oponente não é considerado nascido do centro Honsho. Em vez disso, isso descreve o uso dos atributos naturais com os quais você nasceu e os desenvolveu através do treinamento.

Se você confiar nesse ensino, obterá total liberdade de movimento. Parecerá que você alcançou a vitória antes do início da batalha. Mesmo que, durante o curso da batalha, você seja cortado, nunca estará em grave perigo. O Honsho indicado pelo Kanji 真 não é abordado neste documento, é transmitido pela tradição oral a apenas um aluno. Esse ensinamento vale seu peso em ouro.

一残心之事心ヲ残卜云ハ唯キヲヒ過(キ)タル処

ナノ勝ヘキ所ニテサウナク勝事也雖然一

發不留卜云時ハ勝所ニ及テハ一足モア留

心不残萬心ステ一心不乱ナリ残心卜教

シハ只枕壹古ノ内ニ兵法メガブリ リキ之出來

競過ルニ依テ残心卜仕ユリ其知ヲ得テ勝

ヘキ所ニ必残心不可有サルニ依テ懸中

待待中懸卜云事如右残心ニ似テ残心

二非ス心ハ不残ニシテ勝所ヲタルメハ勝ヲ敵

Zanshin

Permitir que a sua mente permaneça no instante passado, insistindo em sua estratégia anterior, é chamado Zanshin, ou *espírito/mente/coração remanescente*. Nunca pense no ataque que você acabou de executar. Você deve simplesmente atacar o ponto que lhe permitirá alcançar a vitória.

A lição importante aqui é Ippatsu Furu, compromisso total com um único ataque. No entanto, durante esse ataque, você não deve permitir que sua mente se concentre em qualquer outro aspecto. Não deixe nada para trás, elimine todos os pensamentos e fique livre de distrações. Este é o estado em que sua mente deve estar. Isso é conhecido como Isshin Furan, que descreve o estado mental Completamente Dedicado ao Objetivo Sem dúvida, Distração ou Nervosismo.

O treinamento em Zanshin permite que os praticantes da Escola Itto aumentem sua destreza militar, ataquem com força e que venham a competir em um nível mais alto. A razão pela qual você é capaz de alcançar a vitória através de Zanshin é porque se livrou absolutamente de quaisquer pensamentos ou sentimentos remanescentes. Isso pode ser aplicado estrategicamente de duas maneiras,

- Atacando seu oponente com um grande número de cortes fortes, encontrando em algum momento uma abertura para um golpe fatal;
- Enquanto estiver se defendendo contra o ataque de um oponente, aguarde uma abertura para contra-atacar..

A lição de Zanshin é nunca se permitir dúvidas ou sentimentos remanescentes.

モシ其心ヲ知テ先ノ勝ニ及テ、或ハ引ッ拍子ヲ
抜スル時ハ已ト残リ餘リ過ユカヌヨウニ常誓
古篤一也勝ニ及テ心ヲ残スト云事心不
可有

Seu objetivo durante o treinamento é não permitir que a sua mente se concentre no corte que você acabou de fazer ou na sua ação seguinte. Durante um duelo, o oponente está tentando descobrir qual estratégia você está procurando adotar. Se o inimigo conseguir impedi-lo com um ataque ou recuar repentinamente, rompendo o ritmo do ataque, você deve manter seu estado de espírito e não permitir que suas emoções permaneçam fixas nessa resposta. Esta é a lição principal que precisa ser aprendida no Dojo.

一内ヲレ外ヲレト云事キルヘキ所ハ必内ヲレ

ノ場也ト云ハ本正皆外ヲレノ場ハタト云大

切内ヲレノ場小切タリト云トモ五分ハテ内

ヲレ切ヘキセタトヒ其行勢アルトイヘモ小切

若ハレカラヌ者や

ト

98

Cortes Internos Cortes Externos

A Escola Itto ensina a cortar sempre para os pontos de ataque interno. Cortar nesses locais resulta um ataque letal. Se você cortar os pontos de impactos externos, o corte deverá ser maior a fim de causar o mesmo dano. Para os pontos de impacto internos, pode-se fazer um corte menor.

No entanto, após o corte em um ponto de impacto interno, você deve se retirar rapidamente. O motivo é que você acabou entrando duas vezes mais próximo à distância de ataque do oponente, tornando-se vulnerável. Mesmo se você fizer um corte bem-sucedido, a energia restante na espada do oponente poderá cortá-lo.

Sasamori Sensei:

Uchi Ore, cortes internos (literalmente pontos de quebramento), são a garganta, os braços e a cintura. Os Soto Ore, cortes externos (pontos de ruptura), consistem nos cotovelos, joelhos e nádegas / parte superior das coxas. Os cortes interno e externo representam todos os pontos marcantes do corpo, no entanto, os cortes internos são aqueles que resultarão em uma lesão fatal com apenas um pequeno corte.

Os cortes externos exigem um corte maior para causar a mesma quantidade de dano. As palavras Uchi Ore e Soto Ore vêm das dobradiças do Byobu, biombo japonês. São as dobradiças que se dobram para dentro ou para fora. Sua mente deve ser como essas articulações, livre para se inclinar estrategicamente para frente e para trás, seja no ataque ou na defesa.

É ensinado na Escola Itto que, se você atingir com sucesso uma dessas "dobras" ou "dobradiças" vulneráveis ao corpo, poderá alterar imediatamente o curso da batalha e obter uma grande vitória."

一 八方ノカ子ト云ハタト云ハ下段ニ持立トイ〱

其一心三非ス則左ヘ見反リタル時ハ隱劔

タリ則向ヲ守ランニ八本覺也已ヵ後ハ味方

タル間八方ノカ子如斯心不乱一步不留ニシ

テ一刀ト云ハ勝ヘキ所ヲ躰知テ生死二ツノ所也

ソレヲ自ラ不得シテ唯無柏子ニカンスル事

大非也

Quando Cercado

Happo no Kamae ou "Quando Cercado" ensina a estratégia que você deve usar quando estiver cercado pelo inimigo. Por exemplo, embora você tenha se preparado em Gedan no Kamae, com a ponta da espada voltada para baixo, não deve projetar nenhum sentimento de que pretende atacar ou defender. Se você decidir atacar o oponente à sua esquerda, você deve preparar a sua espada em kageken, a posição da espada na sombra. Se o oponente escolhido estiver à sua frente, mude para Honkaku Kamae (desconhecido).

Enquanto estiver cercado pelos oito lados e pelas oito direções, você deve se manter em estado de Isshin Furan 一 心 不 乱, *obstinado e inabalável*. Você também deve ter em mente o que é conhecido como Ippo Furyu 歩 不 留, *nunca permita que seus pés parem*. Depois de cortar o primeiro oponente, você deve continuar se movendo para atacar o segundo oponente. Depois de derrubar o segundo oponente, mova-se continuamente para evitar ser cortado. Não pare. Esta é a abordagem da Escola Itto.

Você precisa avaliar a situação e localizar a pessoa e o local que precisa atacar para alcançar a vitória, uma decisão que significará vida ou morte. Não entender esse ponto e entrar na briga em um padrão menos confuso seria um erro grave

Nota:

As informações do Manual de Esgrima de Kanaji Sensei sobre "Quando Cercado" são um pouco vagas. Um pergaminho chamado Itto Ryu Heiho Mokuroku, que é uma lista dos ensinamentos da Escola Itto, continha algumas ilustrações interessantes sobre "Quando Cercado".

A próxima seção combina ilustrações do Itto Ryu Heiho Mokuroku com pensamentos de *"A Essência da Escola Itto"* de Sasamori Sensei.

A ilustração acima é a seção do pergaminho que apresenta "Quando Cercado". O Kanji 八方文身 pode ser visto à esquerda. O círculo da direita representa a lua e o círculo da esquerda representa o sol. Isso reflete a dualidade Inyo ou Yin e Yang. O texto à direita tem quatro frases:

- **Happo Bunshin** - Divida-se em oito para atacar oito direções;.

- **Shuyu Tenka** – Adaptação instantânea à situação ao seu redor;.

- **Yokuzaizen & Kotsuzen Zaigo** – A pessoa à sua frente subitamente está por trás. .

Aplicação de "Quando Cercado"

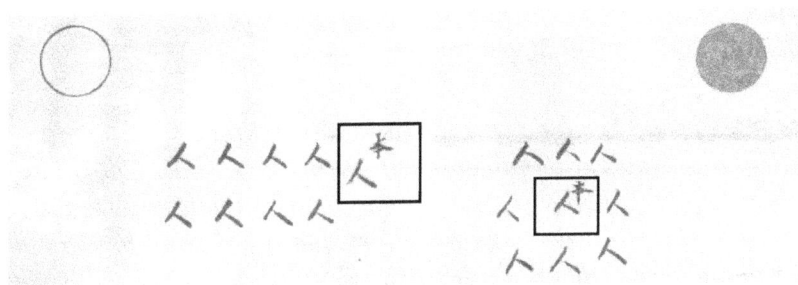

Quando você estiver completamente cercado pelo inimigo, parecerá que os ataques partem de 100 direções diferentes. À medida que seus adversários se aproximam o espaço diminui, portanto os ataques diminuem de 16 para 8 direções. A lição de **"Quando Cercado"** é primeiro entender que embora você esteja em menor número, o inimigo está em uma confusão descoordenada. Esta situação é mostrada na ilustração acima. A caixa à direita circunda o Kanji 本人. Este é você. Os samurais ao redor são indicado por oito Kanji 人.

A estratégia nessa situação é selecionar primeiro um oponente, como o mais próximo a você ou um que pareça fraco. Fixe seus olhos no oponente e derrube-o. Depois de derrubá-lo, mantenha o fluxo e fuja do centro.

Agora que você saiu do círculo, os samurais inimigos estão todos em um mesmo sentido com relação a você. É o que mostra a ilustração à esquerda, ou seja, você está à direita e os oito inimigos Samurais, a sua frente. Você então repete o processo de cortar e passar pelo oponente mais próximo e depois para o mais próximo.

Ono Juro Uemon Tadaaki falou a respeito dessa técnica. Ele falou,

"Mesmo se a força que o atacar consistir em dez mil guerreiros, não mais do que oito podem atacá-lo por vez. Os atacantes, que

*podem partir de oito direções dividem-se ainda naqueles que estão mais próximos ou mais longe, mais rápidos ou mais lentos. Mesmo se você estivesse adentrando em combate em um campo de mil quilômetros, o oponente não seria capaz de cortá-lo até chegarem a **Dois Shaku**, 180 cm. Portanto, o tamanho do campo de batalha não importa.*

Apesar do grande número de oponentes, seu objetivo é controlar a espada do oponente mais próximo a você e, portanto, o mais perigoso. Além disso, devido ao grande número de samurais inimigos, sua ação decisiva fará com que até mesmo um samurai experiente desperdice energia mental e física, afetando assim a eficácia de sua técnica. Portanto, se você se encontra em tal situação, é imperativo que você mantenha a compostura.

*Por outro lado, se você cair na armadilha de atacar com fúria cega o oponente, estará pedindo problemas. Se o oponente der sete passos, você deve dar três. Avançando, para trás, esquerda ou direita, de acordo com a mentalidade **Shuyu Tenka - Adaptação Instantânea à Situação ao Seu Redor**. Com esse método, você pode derrubar dez mil samurais lutando dez mil batalhas um a um."*

Nunca Permita que seus Pés Parem

Também existem no mesmo pergaminho algumas informações no conceito de "Nunca Permita que seus Pés Parem". Esta imagem de duas mãos impressas sobre um manji enfatiza o importante ensinamento de Ippo Furyu.

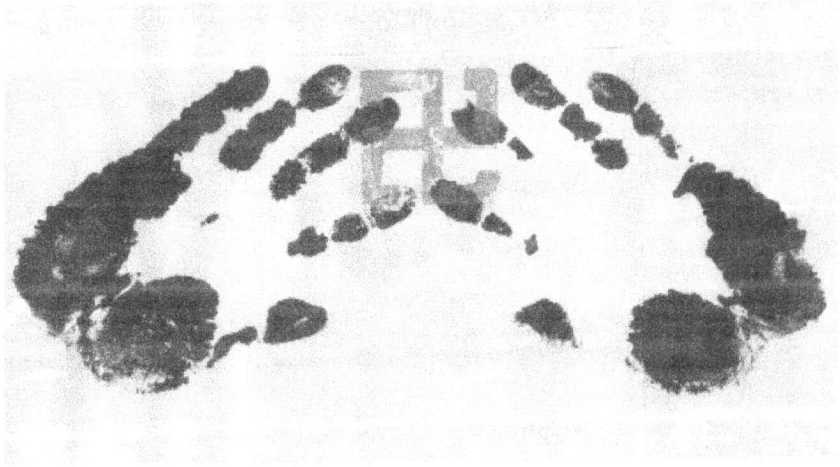

Em japonês, a frase **Ippo Furyu**, ou **"Nunca Permita que seus Pés Parem"** significa que você deve estar em movimento contínuo. Isso é representado pelo **Manji** 卍. O Manji não deve ser pensado como um símbolo estático, mas que está continuamente girando e se movendo de dez mil maneiras. Às vezes, o conceito de Manji é escrito com Kanji que reflete essas 10.000 possibilidades, ou seja, 10.000 caracteres. Na Escola Itto você está no centro desse símbolo rodopiante com o braço representando a espada mortal, um golpe que matará um inimigo. O braço direito é a espada que dá vida, um golpe que apenas ferirá o inimigo. O braço inferior é a espada do oponente e o braço esquerdo é a sua espada.

Sasamori Sensei equiparou isso a jogar pedra em água,

"Por exemplo, se você atirar uma pedra na água, ela certamente afundará. No entanto, se você a jogar sob a superfície com força, ela saltará através da água até aterrissar na margem oposta. Esta é uma técnica de alto nível. Você não está permitindo

*que sua mente se concentre em vencer e, portanto, não será pego e impedido por essa estratégia. Você está varrendo e se afastando ou apunhalando e se afastando. Sua estratégia é não permitir que o vacilo do momentum, pois isso significaria emergir para baixo da superfície da água, onde apenas a morte espera ... É isso que **Ippo Furyu** quer dizer."*

A ilustração da mão representa as mãos de Ito Ittosai concedendo o conhecimento nela contido ao aluno. Sasamori Sensei também sente que representa as pontas de duas espadas prontas para entrar em combate.

"O verdadeiro significado desta ilustração é o lugar onde as mãos se encontram. A marca da mão à esquerda e a marca de mão à direita representam a sua espada voltada para a espada do oponente. Representa você e seu oponente segurando a diferença entre vida e morte em suas mãos."

Além disso, outro documento da Escola Itto chamado **Itto Ryu Heiho no Mokuroku no Bensho** 一刀流兵法之目録之辨書, **Uma Explicação das Técnicas e da Filosofia da Escola Itto** continha alguma elaboração. Uma explicação das técnicas e da filosofia da Escola Itto é do Primeiro Ano da Era Bunkyu, 1861. A ilustração do Manji mostra **Pessoa 人** no centro com **Vida 活** à direita, **Katana 刀** abaixo e **Espada 剣** à esquerda. Curiosamente acima, ele tem **Só 獨** acima ao invés de **Matar**, como de costume.

一師ノ教ヲ不守シテ自才智スクレタルヲ以テ其
師ノ業ヲ能ク學フトイヘモヲロカニ其心ヲ不
知故ニ物ニヨシ移ル影ノ如シ其心戒形ハ守
分タカハス動キウコクトイヘモ詞アランハ如
何詞アランヤ又愚ナル事ヲハコトチニカハシテ
琴トクスル如シ然間不至ニシテ其師ノ得
タルヲ以テレエル所作ヲ不學シテ教シ
深クツ丶シミ可守事

Os Ensinamentos do Mestre

Existem alguns discípulos que não aderem aos ensinamentos do mestre e acreditam que sua própria sabedoria é superior. Eles podem aprender as técnicas físicas de esgrima ensinadas pelo mestre, mas falham totalmente em compreender o espírito dessas lições. Nesse ambiente, apenas a sombra do aprendizado será transferida para o aluno. Os alunos podem observar o movimento do corpo e da espada com seus próprios olhos, no entanto, se não perguntarem ao professor o significado subjacente, eles não poderão esperar alcançar o domínio total da Escola Itto.

Isso é tão tolo quanto colar as pontes que sustentam as cordas de uma cítara chinesa e esperar que uma boa música seja tocada. Um aluno não pode ficar satisfeito apenas em aprender a lição ensinada pelo professor. Os alunos devem desenvolver uma compreensão profunda das lições que não são ensinadas. Estes são os ensinamentos que eles devem preservar.

Sasamori Sensei:

"O papel do professor é instruir os alunos na escola em geral. Cada lição da escola é ensinada pelo professor, mas é papel do aluno fazer perguntas para aprofundar sua compreensão. Praticar diante do professor é como os alunos mostram que entendem as lições ensinadas. Aprender é praticar intensivamente as lições ensinadas e encontrar uma maneira de adaptá-las ao seu corpo e estilo. O professor então oferece instruções com base em como você está usando essas informações. Os alunos, por sua vez, reconhecem e incorporam essa instrução em sua técnica."

Nota:

O provérbio usado na passagem acima é do livro chinês **"Os Registros de um Grande Historiador"**. São registros históricos da China que abrangem o período de 2500 aC a 94 aC. O provérbio aparece em "Os Registros de um Grande Historiador" escrito como 膠膠而鼓瑟. A circunstância envolve um certo general Zhao She, que viveu no século III aC. O general era um excelente estrategista e venceu muitas batalhas. Seu filho, Zhao Kuo, que estudou estratégia militar, assumiu o comando depois que ele morreu, mas foi derrotado e morto em batalha. Foi dito depois que,

"Embora ele tivesse amplo conhecimento de estratégia militar, era como se tivesse tentado tocar a Cítara após ter colado as pontes segurando as cordas em um mesmo lugar. "

O instrumento em questão é o **Se 瑟**, instrumento palhetado semelhante à cítara ou à harpa. Possui de 25 a 50 cordas com pontes móveis e uma faixa de até cinco oitavas. Como as pontes são ajustadas como se afina um instrumento, colá-las no lugar não permitiria nenhuma variação.

一　見當ノ目付ノ事　見ハミユル所陰ヨリ打

出サント見ヨト見レハ何ニテカメシヨト不及ツ

モシレリ當ハ陰ヨリ打タント思シカシカト

行ツメタラン時不意ニシテ居シキヒタトナク

ラン時ハ當ル所作也杏故已所作ナル心

懸中待須史轉化ナカラン時ハ極意

太刀幾億萬書物數多相傳ルト云モ

可勝樣ナシ或ハ極意ノ書物一切不智

Duas Formas de Ver

Mi-Atari descreve duas maneiras de ver. O primeiro Kanji é Mi, que se refere a ver algo na sua linha de visão, enquanto o segundo, Atari, refere-se a algo que captura sua visão periférica. Mi, ou visão, é o que você usaria para detectar um inimigo que lança um ataque das sombras à sua frente.

Atari também trata a respeito de um ataque que parta de uma direção inesperada, mas o ataque não vem diretamente à sua frente. Em vez disso, o ataque é desencadeado pelo seu olho, capturando um movimento repentino ou inesperado em um dos lados, quando você estiver comprimido em uma posição.

Você deve poder alternar em uma fração de segundo entre esperar por uma oportunidade de fazer um corte definitivo no meio do ataque e esperar por uma oportunidade de ataque enquanto estiver no meio da defesa. Se isso não for possível, mesmo que tenha descoberto os mistérios internos da esgrima e memorizado dez mil vezes cem milhões de livros sobre estratégia militar, certamente será derrotado.

Por outro lado, se você nunca tivesse lido um pergaminho que contivesse os segredos internos da espada, mas se mantivesse centrado e estivesse completamente pronto para responder livremente a qualquer ataque, essa decisão sábia lhe permitiria sobreviver ao duelo. Você pode vir a encontrar oponentes com boa técnica, contudo essa técnica estará contida como a água em uma tigela.

ニシテ所作能カナヒナハ如何智タルシ残
サンヤサアル時ハ猷ハ唯方圓ノ器ニ水ノ順フ
カ如シ右ノ故ニヨハサルヲ上段ヲ不好シテ
萬心捨テ其業ヲ日新ニ日ニ新ニ新又
日ニ新ニツトメテ可學者也
　　　古歌ニ
是ノミト思ヒキハメソ幾數モ
上ニアリスイモノノケン

Levando em consideração o que foi escrito acima, se você se sentir inapto com uma postura como **Jodan**, com a espada levantada acima da cabeça, deve deixar de lado toda a sua resistência.

Em vez disso, desenvolva essa técnica ao longo dos dias seguintes, renovando-a e renovando-a novamente. À medida que você continua treinando, a cada mês que se inicia, após um ano a recrie novamente. É assim que você deve estudar esta arte.

Há um velho poema que diz:

"Concentre-se em encontrar o maior número possível de mistérios internos, sempre se esforçando para cima e para cima. Embora as lutas neste mundo venham a permitir que você transmita o que aprendeu para a próxima geração, não procure comparar seu conhecimento com o de outras pessoas."

Nota:

Uma outra versão desse texto, em posse do Departamento Japonês de Cultura, contém a frase final,

"Ao estudar a estratégia militar da Escola do Corte Único significa que você realizou treinamento intensivo em compreender quando e onde fingir fraqueza, ser ousado, usar força ou ser flexível. Por meio desta filosofia você será capaz de atingir a vitória. Por sua dedicação foi conferido a você um dos quatro pergaminhos desta escola. Conhecimento que tem sido transmitido pelo fundador até o presente professor. Eu entrego a você o Manual Kanaji de Esgrima."

Nota:

A ordem de sucessão da Itto Ryu que se seguem são os mesmos que aqueles das 12 Regras da Espada e portanto foram omitidos.

世ハヒロシコトハツキセシサリトテハ
ワカシルハカリ有トヲモフナ

御キ前事數年不断一刀流劔術稽古
不怠第一勝利之働依有之家流書
物之二假守目録捇進之候猶以年
重鍊行必勝實可相被叶候仍如
件

Epílogo

Por muitos anos tenho treinado diligentemente Itto Ryu. Nunca negligenciei as sessões de Keiko (treinamento). Sempre dei importância primordial às técnicas que levam à vitória. Assim, recebi dois documentos de transmissão desta escola. Eu guardo os princípios listados neste documento enquanto continuo meu treinamento. Conquanto a minha idade avançada, meu treinamento me permitiu testemunhar em primeira-mão a eficácia suprema dos ensinamentos desta escola. Agradeço humildemente.

Nota:

O livro tem o nome de Mikami Hideshiro escrito na capa, mas não qualquer informação a seu respeito.

As Doze Regras da Espada
O Manual de Esgrima de Kanamaki Sensei

FIM

www.ingramcontent.com/pod-product-compliance
Lightning Source LLC
Chambersburg PA
CBHW060622210326
41520CB00010B/1439